생활세계의

공간
감성

Sensibility of Space in the Life World

Sensibility of Space in the Life World

생활세계의

공간
감성

오혜경 · 홍형옥 · 홍이경 · 김도연 · 이소미

(주)교 문 사

머리말 PREFACE

감성은 인간과 어떤 대상이 교감을 이룰 때 심리적 작용으로 일어나는 사고의 동적 양상이다. 감성은 감각과 혼돈될 수 있는데 감각은 인지작용이 배제된, 직접적 자극에 대한 지각이고 감성은 이들 감각이 복합적으로 작용하는 복합감각이다. 자극에 대한 개인의 감성은 개인에게 내재되어 있는 경험이나 기억을 통해 반사적, 직관적으로 나타난다.

공간감성은 심미적 충만감으로 공간을 감지하고 느끼는 성정이며 감성공간은 이러한 공간감성을 만족시키도록 디자인된 공간을 말한다. 감성은 디자인, 색채, 균형감 등 미적 요인에서 오는 감각적 감성, 편리함에서 오는 기능적 감성, 라이프스타일이나 가치기준의 충족에서 오는 문화적 감성으로 나눌 수 있다. 이들 감성 모두를 만족시킬 수 있는 고문화 공간이 감성공간이다. 과거의 공간이 물리적 합리주의에 입각한 공간이었다면 지금의 공간은 이를 탈피하여 사용자가 원하는 삶의 스타일을 반영하는 공간, 즉 감성공간으로 변해 가고 있다. 이는 인간과 공간 상호 간의 긴밀한 커뮤니케이션을 통해 인간이 가진 여러 감각을 섬세하게 자극하고 감각과 지각을 보다 활성화시킴으로써 공간에서 새로운 감성적 체험을 하게 하는 것이다. 따라서 감성공간과 공간감성은 매우 긴밀한 관계를 유지하고 있다.

21세기는 다양한 개성을 가진 사람들이 제각각 원하는 삶의 스타일을 창조하는 시대이다. 그들은 자신의 아이덴티티와 자신이 추구하는 라이프스타일을 표현하기 원하며 이를 대변하는 것이 감성이다. 옷, 집, 가구, 생활용품, 음식 등 의식주에 관계된 모든 것은 물론 즐겨 찾는 레스토랑, 스포츠와 여행 등 라이프스타일 전체에 자신의 아이덴티티를 나타낼 것이며 그 표현의 방법으로 디자인을 선택할 것이다. 아름답게 디자인하는 것으로는 부족하다. 감성시대의 디자인은 소비자들의 감성이 원하는 스타일을 디자인해야 하는 것이다.

이제 생활세계를 이루는 거의 모든 것이 감성디자인으로 변해 가고 있다. 생활세계는 우리가 일상적으로 살아가는 그대로의 세계이며 유동적인 세계이다. 따라서 생활세계를 위한 디자인도 유동적이며 변해 간다. 20세기 전반의 이성적, 기능적 디자인과 이를 수정한 후반의 포스트모던 디자인에서도 도외시되어 온 인간의 감성이 21세기에 전면으로 부각되어 끝없이 그곳으로 달려가고 있다. 감성을 찾아내는 방법과 찾아낸 감성으로 누가 얼마나 어떻게 더 감성을 자극하느냐로 경쟁하고 있다. 유명 디자이너들이나 패기에 찬 젊은 디자이너들도 마찬가지이다. 바야흐로 감성디자인의 홍수라 할수 있다.

여기에서 한 가지 짚어 보아야 할 문제는 그들의 디자인이 소비자 또는 사용자에게 꼭 필요하며 감동을 줄 수 있는 진정한 감성디자인인가 하는 점이다. 그들의 유명세나 패기가 소비자를 우롱하거나 오히려 힘들게 하지 않는지를 따져 보아야 할 때이다. 이러한 비판 없이 유명세나 패기에 현혹되어 불편함을 참는다면 디자이너에 의해 식민화될 수밖에 없다. 이것을 알았을 때는 적극적으로 알려 이를 개선시켜야 한다. 그것이 소비자로서의 의무이며 디자이너에 의해 식민화되지 않는 길이다.

이상과 같은 논지에서 모인 다섯 저자는 먼저 생활세계를 크게 생활공간과 관련된 '감

성으로 시작하다', '감성으로 담아내다', '감성으로 빛나다', '감성으로 내다보다'의 4 Part
와 생활용품과 관련된 '감성으로 빚어내다'의 1 Part를 포함 5 Part로 구분한 후 이를 다시
13 Chapter로 세분하였다. 각 장에는 과거 우리가 접해 왔던 생활세계에 숨어 있던 감성
을 찾아내고 현재는 어떠한 감성이 주제가 되고 있는지 그 실체를 알아보았다. 마지막
으로 다양하게 디자인된 감성공간과 용품에 의해 우리가 식민화되고 있지 않은지 그리
고 식민화되고 있다면 그 실태는 어떻게 나타나고 있는지를 살펴보았다.

책에 수록된 사진과 삽화는 가능한 한 저작권자의 허락을 얻고자 하였으나 미처 완
료하지 못하고 책이 출판되었다. 이는 기회가 닿는 대로 협의를 완료하고자 한다. 또한
교과서로서의 맥락을 위해 참고한 책의 출처를 일일이 밝히지 못하고 주요 참고문헌만
을 수록하였다.

이 책을 통해 자신이 몸담고 있는 공간을 돌아보는 여유를 가질 수 있고 지금까지 무
심히 지나쳤던 공간에 숨어 있는 감성을 하나씩 찾아내 보려는 시도가 수반되기를 기
대해 본다. 나아가서는 키워진 공감감성으로 공간에서 식민화되고 있지 않은지를 판단
할 수 있고 식민화되고 있다면 이를 개선해 나가는 적극적인 노력도 함께 고취될 수 있
기를 바란다.

2012년 3월
대표저자 오혜경

목차

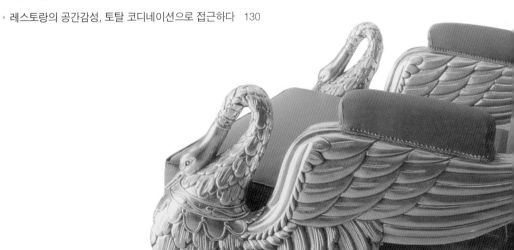

Part | one

감성으로 시작하다,
공간

1

공간감성의 현상학

공간감성이란 정서적·심미적으로 공간을 감지하고 느끼는 성정을 말한다. 공간감성은 경험을 기초로 하기 때문에 개인마다 다르지만 보편타당한 심미감을 유발하는 감성공간은 알게 모르게 우리의 공간감성을 격려하고 자극할 수 있다. 디자이너는 감성공간을 만들어 호소하지만, 사용자는 공감감성을 키워야 공간 속에서 심미적 충만감을 느끼고, 장소감을 느끼며 더 편안해지고, 더 행복해질 수 있다.

공간감성의 현상학

■ 생활세계의 공간감성

일상생활의 주관성 속에서 직접 경험하는 세계를 현상학에서는 생활세계^{life world}라고
한다. 현상학은 생활세계를 설명하고 분석하여 이론과 과학의 세계가 어떻게 생활세계
에서 생겨나는가를 밝히고, 생활세계 자체에서 평범한 일상적 현상을 발견하려고 노력
한다. 그리고 시간과 공간, 신체의 관계를 분석하고 경험의 표상을 분석함으로써 생활
세계를 어떻게 체험할 수 있는지 보여 주고자 한다. 생활세계는 현상으로 체험된 세계
이며 따라서 본질적 환원이 중요하다. 생활세계의 식민화를 거부하고 풍성한 생활세계
를 담기 위해서는 지나치게 경직된 기능주의적 매너리즘을 지양하고 소통을 통해 많은
가능성을 담을 수 있는 공간을 만들어야 한다.

하버마스는 체계의 유지를 담당하는 매체가 생활세계에 침투하여 민주적 규범 수립
의 절차를 무시하고 이를 돈과 관련지어 교환관계에서 발생하는 논리로 대체하는 상황
을 생활세계의 식민화 현상이라고 하였다. 이러한 의미를 확장하면, 주어진 기능에 함
몰되어 사람들이 지배당하고 구속을 느끼는 상황, 이러한 상황이 지속되어 오히려 그
안에 익숙해지고 문제의식이나 의문을 갖지 않는 상황을 식민화된 것으로 본다.

> 생활세계는 현상학의 창시자 훗설(1859~1938)의 후기사상 가운데 중심개념으
> 로서 일상적으로 살아가는 그대로의 세계를 의미한다. 생활세계는 문화적 상대
> 성에 좌우되지 않는 직접적인 지각경험의 세계이기도 하지만 과학기술의 진보
> 와 성과가 항상 흘러드는 유동적인 세계이기도 하므로 양의성이 있다.

공간감성은 상대주의적이다

어릴 때 공부했던 초등학교를 커서 방문했을 때 운동장이 너무나 좁게 느껴졌던 경험이 있는가? 어릴 때 친구들과 공놀이를 하며 뛰놀던 골목길을 커서 방문해 보니 너무나 좁아 보여 여기가 어떻게 그토록 넓게 느껴졌으며 그토록 신나게 놀았을까 의아해 했던 경험이 있는가? 어릴 때는 넓게 느껴졌던 운동장과 골목길이 그리도 작게 느껴지고, 높디 높던 산이 둔덕에 지나지 않음을 발견했던 경험은 우리의 신체가 자라났고 성장하기까지 가졌던 수많은 경험을 통해 주관적 공간의 상대적인 크기가 달라졌기 때문이다. 이처럼 객관적 공간은 변함이 없는데 그 공간을 느끼는 공간감성은 성장에 따라 경험에 따라 다르기 때문에 공간감성은 상대주의^{relativism}적이다. 객관적 공간에 대한 상대주의적 크기는 사람에 따라 각기 다르므로 결국 우리가 느끼는 공감감성은 주관적 공간인 것이다.

일본은 15평 정도의 도시 집합주택에도 맨션이라는 명칭이 붙어 있다. 맨션^{mansion}이란 원래 대저택을 일컫는 용어지만 동경과 같은 대도시의 작은 도시주택에 맨션이라는 이름을 붙임으로써 복잡한 도시환경에서 이 정도면 제법 살 만한 주택규모로 볼 수 있다고 여기도록 공감감성을 자극하려는 시도일지 모른다. 우리나라에서도 저층 연립주택에 ○○빌라^{villa}, 혹은 ○○맨션이라는 이름을 붙이던 시절이 있었다. 빌라라는 명칭은 로마의 귀족들이 교외지역에 지었던 별장을 의미하는 단어이지만 우리나라 연립주택의 별칭으로 꽤 오랫동안 사용되어 왔다. 사실 4층 이하의 연립주택일 뿐 특별히 빌라로서의 특징을 가지고 있었던 것도 아니고, 맨션이라고 불릴 만큼 큰 저택도 아닌데, 이러한 명칭을 사용하게 된 것은 '당신은 좋은 집에 살고 있다'는 공감감성을 유발시켜서 살고 싶은 의욕을 느끼도록 하기 위한 마케팅 수단이었을지도 모른다. 아니면 비록 작고 초라한 연립주택이지만 빌라 혹은 맨션에 사는 것처럼 풍요함을 느끼고 자부심을 가지라는 무언의 권유였을지도 모른다. 이러한 주관적 공간감성에의 호소가 객관적 공간과 일치하지 않으면 괴리가 생기고 결국은 아무런 기대효과를 볼 수 없다 하더라도 그러한 것을 통해 우리는 사회적인 현상이 지향하는 바를 읽을 수 있다.

사회경제적인 발달을 이루면서 우리나라에서는 25.7평^{85㎡}을 국민주택규모로 정하여 여러 정책적 배려를 하고 있다. '국민주택규모'라는 용어는 국민 누구나 이 정도의 규모에 살 수 있도록 정부가 정책적으로 지원한다는 암묵적 공간감성을 공유하는 지표로 만든 것이다. 그러나 주관적 공간감성은 소득과 직업, 과거의 공간경험 등 다양한 요소에 의해 달라지기 때문에 항상 객관적 공간과 일치하지는 않는다. 시대적인 조류에 따라 다른 말로는 문화규범 cultural norm 주관적 공간감성은 달라지고 이러한 현상이 집합화되면 시장의 흐름까지도 바꾸어 놓는 현상을 목격할 수 있다.

> 문화규범이란 문화적으로 통합된 사회에서 많은 사람들이 선호하는 어떤 현상이 목격되는 것을 말하며, 가장 강력한 문화규범은 누구나 지켜야 하는 성문화된 법이다. 가문화규범이란 제한적인 상황 때문에 그렇게 행동하지만 이상적인 규범은 따로 있는 경우를 말하는 것으로 단독주택을 이상적이라 생각하지만 현실적으로 아파트를 선택할 때 아파트는 가문화규범인 것이다. 주거규범은 문화규범과 가족규범이 조합되어 나타나는 것으로 사회적으로 많은 사람들이 추구하는 보편적인 현상은 이상적인 주거규범(ideal housing norm)이다.

'저 푸른 초원 위에 그림 같은 집을 짓고' 살고자 했던 문화규범이 풍미했던 시절, 아파트는 가 假 pseudo문화규범으로 선호되었고 그 이후 30년을 지나면서 문화규범으로 자리 잡아 어디에 있는 몇 평짜리 아파트에 사는가는 사회계층을 알 수 있는 잣대였던 시절

땅콩집 한 필지에 연결성 있는 두 집을 붙여 지어 공간효율과 경제성을 높였다(설계자 이현욱).

타운하우스 단지형 독립주택. 커뮤니티 공간이 있고 공동관리의 경제성도 추구한다(동백 아펠바움).

이 있었고, 현재도 많은 사람들에게 아파트 거주는 주거규범으로 자리 잡고 있다. 그러나 아파트 보급 40년을 넘기고 주택 보급율이 100%를 넘으면서 주거규범은 다시 단지형 단독주택인 타운하우스로, 혹은 두 채의 집을 붙여 짓는 땅콩집과 같은 소형 단독주택을 선호하는 현상으로, 혹은 주중에는 도시에, 주말에는 농촌에 거주하는 5도 2촌의 복수거주multihabitation를 추구하는 현상으로 다양화되고 있다. 아파트의 크기도 무조건 큰 규모를 선호하기보다는 규모의 경제성을 추구하는 방식으로 조금씩 현상을 달리하여 주거규범이 변화되고 있음을 보게 된다. 그 이유는 여러 가지가 있겠지만 장기적으로 나타나는 변화는 사회변동과 연동하여 주거사회학적인 안목으로 바라볼 필요가 있다.

생활세계의 식민화는 공간기능을 한계 지을 때 발생한다

서양의 주거공간 명칭은 침실, 서재, 객실, 가족실, 거실 등으로 그 기능을 명확히 한다. 반면에 우리나라의 전통주택은 위치에 따라 안방, 웃방, 건너방으로 불렸고, 큰 마루라고 대청, 뒷간에 있다고 뒷마루로 부르는 등 위치에 따라 명칭이 결정되었다. 또 방이 정해지면 사용자는 그 안에서 잠자고 식사하고 손님접대를 하고, 심지어는 씻기와 배설까지도 해결하는 등 공간의 전용성轉用性을 전제로 하여 한 사람의 모든 생활을 담는다. 어디 그뿐인가. 계급에 따라 대문의 종류, 담장의 높이, 기둥의 높이는 물론이고 칸間의 규모도 규제하였다. 근대 이전의 집짓기는 계급에 식민화되었고, 집의 배치는 풍수에, 공간배치는 계급과 가계계승방법, 성차별에 식민화되었다. 그럼에도 불구하고 세대와 남녀를 포용하는 주거공간이 될 수 있었던 것은 전용성이라는 공간 기제mechanism가 가능한 한옥의 개방적 공간으로서의 장점에 있었다. 마당을 중심으로 열린 공간이었고, 계절적으로 열린 구조를 만들 수 있는 들어열개 분합문이 있었으며, 방과 방 사이에 미닫이문을 달아 공간을 분리하기도 하고 합치기도 하였고, 헛기침으로 인기척을 하여 미리 알리는 예禮의 행동 기제가 있었다.

공간을 기능별로 구분하면 폐쇄적 공간이 되기 쉽다. 난방이 잘 안되던 시절에는 열의 유출방지를 위해서도 폐쇄적 공간으로 만드는 것이 바람직하였다. 그러나 중앙난방으로 난방문제가 해결되자 현대주택에서는 LDK, 혹은 LD-K나 L-DK로 공동공간을 계획하는 경우가 많아졌다. 근래에는 맞벌이 부부의 시간활용을 위해 부엌과 가족실과 식탁을 개방공간으로 묶어 계획하기도 한다. 한쪽에서는 조리와 세탁과 다림질 등의 가사작업이 이루어지고 동시에 커다란 테이블의 한쪽에서는 식사는 물론 독서와 공부, 담화, 컴퓨터, TV시청도 하고 친밀한 관계의 손님접대도 할 수 있다. 이처럼 취침과 목욕, 배설을 제외한 모든 공간을 개방적 공간으로 만들면 짧은 시간에 맞벌이 부부의 생활이 밀도 있게 이루어질 수 있다. 이는 최근, 산업사회적 가치관에서 매우 중요했던 집의 규모보다는 공간의 질quality과 거주성 및 경제성에 관심을 기울이기 시작한 에코페미니즘 eco-feminism적, 탈근대적 postmodernism 삶의 가치를 중시하는 공간제안의 예이다.

식문화로 인해 생활세계의 공간구성이 식민화되는 사례도 있다. 중국의 식사는 아침에 두유와 만두, 혹은 우리가 호떡으로 부르는 각종 곡물지짐으로 간단히 하는 경향이 있고, 점심은 직장에서, 저녁은 주로 볶음채를 만들어 먹는다. 따라서 전통적으로 부엌은 물과 불과 도마가 있는 간단한 구조였고, 기름에 지지거나 튀김을 많이 하므로 연기와 그을음이 많아 외기에 면해야 하기 때문에 다른 생활공간과 통합하기가 어려웠다. 그런데 바닥 난방이 도입된 현대주택에서도 이러한 식문화 때문에 부엌공간의 디자인이 식민화되어 있음을 보게 된다. 즉, 조리공간과 통합하여 부엌을 LDK, L-DK로 만드

중국의 근대 부엌 물과 불과 도마만 있으면 되는 간단한 구성이다.

중국의 현대 부엌 불 쓰는 공간을 외기에 면하도록 하여 문을 달았고(오른쪽), 불 쓰지 않는 작업대는 식당으로 개방되어 있다(왼쪽).

는 것에 문제가 많기 때문에 부엌을 두 개로 나눈다. 불을 쓰는 공간은 외기에 면하도록 문을 달아 실내공간과 분리하고 불을 쓰지 않는 공간은 식당 및 거실과 통합한다. 불을 쓰는 부엌을 내부공간과 분리하여 외기에 면하도록 폐쇄적 공간으로 만들어 문제를 해결하는 것이다. 이는 우리나라 아파트에서 전통주택의 뒷마당 기능을 하는 다용도실이 부엌에 붙는 것, 혹은 빨래를 삶거나 곰국을 끓이는 용도로 사용하는 간이부엌을 추가로 두는 것과는 개념이 다르다. 왜냐하면 중국의 부엌은 작업공간을 2개로 분리하기 때문이다.

공간 활동의 다양성을 위해서는 폐쇄적 공간보다 개방적 공간으로 활동의 가능성을 열어 두는 것이 좋다. 둘이서 같이 쓰는 학생 방을 폐쇄적 공간으로 완벽하게 나눌 것인가 혹은 다양한 활동의 지원이 가능하도록 개방적 공간으로 할 것인가를 고려해야 한다. 그 방을 이용하는 사람의 생활세계를 생각하고 공간감성을 발휘하여 제한적 공간에 활동이 식민화되기보다는 다양한 활동의 구성이 가능하도록 디자인하는 것이 바람직하다. 두 사람이 같이 쓰는 공간도 같은 가구끼리 배치하는 방식을 피하고 장소성을 고려하여 영역성territoriality이 자라날 수 있도록 하는 것이 좋다.

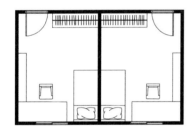 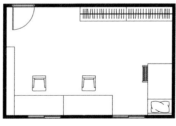 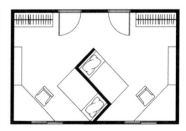

폐쇄적 2인 아동공간 같은 크기의 아동실 배치로 독립성/영역성은 있으나 융통성은 적다.

개방적 2인 아동공간 같은 기능끼리 묶어 비어 있는 공간은 넓으나 개인의 영역성이 무시된다.

개방적 2인 아동공간 개인의 영역성을 존중하면서도 융통성은 배가 된다.

가구에도 기능이 다양한 개방적 가구와 기능이 한정된 폐쇄적 가구가 있다. 아래의 왼쪽 그림은 일본 가나자와의 21세기 미술관 로비의 의자로 눕기도 하고 기대기도 하고 , 넓게도 좁게도 앉을 수 있는 개방적 특성을 가졌는가 하면, 오른쪽 의자들은 폐쇄적 기능으로 한계 지워져 1인이 앉는 이외의 용도는 기대하기 어렵다. 또 다른 사진의 의자는 오브제이기도 하지만 의자로 사용할 수도 있는 가능성을 열어 두고 있어 개방

눕기, 기대기, 여럿이 앉기가 가능한
21세기 미술관의 융통성 있는 벤치

1인을 위한 21세기 미술관의 의자로 제작 목적이
분명하다.

시각적 조형물이면서 앉을 수 있는 21세기
미술관 뜰의 오브제 의자

적 디자인이라고 볼 수 있다.

공간감성은 인간관계의 분산과 번성을 유도한다

돌고 돌아도 결국 같은 장소를 통과하는 도시가 있는가 하면, 동과 서, 남과 북을 분명
히 하여 정확한 지점을 찾지 않으면 결코 같은 지역으로 모이지 않는 도시가 있다. 산
지 사방으로 흩어지는 특성이 있어 사람들을 분산시키는 소시오퓨갈 sociofugal 공간은 그
리드 grid로 구성된 도시이고, 소시오페탈 sociopetal 공간은 방사형 radial으로 동선을 모이게
하는 특성이 있다. 뉴욕이 대표적 그리드 형이라면, 워싱턴 DC와 파리는 방사형의 도
시설계 구조이다.

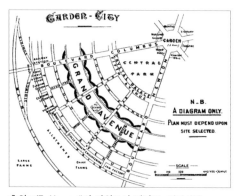

호워드(E. Howard)의 전원도시 개념도 방사상의
도시계획을 보여 주는 개념도

영국의 전원도시 레치워스 방사상의 도시계획을 기본으로
구성되었다.

한 곳을 응시해야 하는 강의실의 의자 배치는 그리드형이 바람직하다면, 상호소통을 해야 하는 세미나실의 의자배치는 방사형의 둥근 배치가 바람직하다. 공원의 낯모르는 사람들이 쉴 수 있도록 구상하는 공간의 의자는 밖을 향하여 서로 시선이 중복되지 않도록 배치하지만 서로 빠른 시간 안에 소통을 해야 하는 공간의 의자 배치는 안으로 시선이 모여 서로 교차하도록 하는 것이 좋다. 인간관계의 번성을 의도한 집합주택 통로의 배치는 서로 많이 교차하도록 중앙의 통로를 향하여 입구를 내지만 이를 고려하지 않는 배치는 한 방향으로 입구를 내게 되고 인간관계는 절반으로 분산된다.

실제로 상담을 할 때 마주 앉는 것보다는 옆에 나란히 앉았을 때 더 친밀감을 느꼈던 경험이 있는가? 공원에 여러 개의 의자가 앞을 향하여 놓여 있을 때 어떤 사람이 앉아 있다면 그와는 어느 정도 떨어져 있는 곳에 자리 잡았던 경험이 있는가? 모르는 사람들이 하나의 버스를 타야 할 때, 두 사람이 앉는 자리에 한 사람씩 모든 자리가 채워져 있는 것을 확인하고 나서야 이미 사람이 앉아 있는 옆자리에 앉았던 경험이 있는가? 홀^{E. T. Hall}은 숨겨진 차원 ^{The Hidden Dimension}에서 인간관계의 분산과 번성에 관한 거리에 대해 성찰을 하고 있다. 가까운 친구나 가족 또는 사랑하는 사람들과의 친밀한 거리^{intimate distance}는 45cm까지로 특별히 가까운 관계에서만 접근이 허용되는 거리이다. 개인적 거리 ^{personal distance}는 45~120cm로 대화가 가능하고 상대방의 섬세한 부분까지 볼 수 있고 원한다면 신체적 접촉도 가능하다. 감정의 교류를 이끌어 내기 위한 좌석의 배치도 이러한 거리 안에 두면 좋다. 사회적 거리^{social distance}는 120~360cm의 범위이며 다양한 교제를 위한 환경이나 여러 명이 담화를 나눌 수 있는 범위이다. 신체적 접촉은 가능하지 않으며 신체운동이나 자세는 관찰할 수 있다. 공적인 거리^{public distance}는 360cm 이상으로서 극장이나 강의실에서와 같은 형식적이고 공적인 관계가 형성되는 장소에 알맞다.

이러한 4가지 권역에 대한 것이 실제상황에서는 개인적 특성이나 문화적 차이에 영향을 받게 된다. 한 개인이 대화를 하는 거리에 영향을 미치는 요소들은 그 방의 밀도, 대화하는 사람과의 친밀한 정도, 화제의 내용, 문화적 배경 또는 개인적인 특성을 들 수 있다. 일반적으로 내향적인 사람이 외향적인 사람보다 멀리 거리를 두며, 친분이 있는 사람은 낯선 사람보다 가깝게 거리를 둔다. 서구에서는 거실의 소파를 벽에서 떼어 사회적 거리 안에 모이게 배치하여 대화권^{conversation circle}에 유의하는 반면, 우리나라는 벽에 붙여 배치하는 경향이 많다. 벽에 붙여 배치하면 TV시청과 같이 한 장소를 응시하거나 공간정리에 편리하고 내부공간이 넓어 보이는 경향이 있지만 좌석이 사회적 거리의 대화권 밖에 배치되기 쉬워 자연스러운 대화가 어려워진다. 우리나라는 좌식 생활에 익숙하여 필요하면 바닥에 앉아 대화권을 유지할 수 있기는 하다. 이로써 가구배치의 원칙이 문화에 따라 다름을 알 수 있다.

완전히 익숙해질 때 공간은 장소가 된다

4개의 벽으로 둘러싸인 텅 빈 공간은 아무런 의미를 부여받지 못한 객체이다. 공간space의 장소place되기는 사람들이 익숙한 방식으로 공간을 사용하면서 장소성이 부여될 때 비로소 가능해진다. 공간은 객관적 크기를 부여하지만 장소는 크기와 관계없이 어떤 의미로 사용하는가이다. 같은 공간이라도 친구를 만나는 장소인지, 식사를 하는 장소인지, 휴식을 하는 장소인지, 놀이를 하는 장소인지 사람들의 사용에 따라 그 성격이 달라지고 공간에 장소성이 부여되면서 고유의 기능을 갖게 된다. 장소성은 반드시 소유를 전제로 하지 않는다. 공공 공간이라도 사람들은 나름의 방식으로 장소성을 부여하기 때문이다.

네 개의 벽으로 둘러싸여 공간으로 규정된 곳만 장소성이 부여되는 것은 아니다. 전철역에서 학교까지 가는 길이 여러 개일 수 있지만 어떤 이는 가는 길에 특정 가게의 쇼윈도에서 시간을 확인하고, 늘 들르는 카페에 들리거나 늘 만나는 장소에서 친구를 만난다. 다른 이는 같은 골목길을 이용하면서도 자기만의 방식으로 장소성을 부여하면서 사용화한다. 공간에 장소성을 부여하는 감성에 영향을 미치는 것 중에 과밀crowding의 개념이 있다. 밀도density란 단순히 공간의 크기를 사람 수로 나누는 객관적 개념이지만 밀도가 낮다고 반드시 좋은 것은 아니다. 사람들은 적당히 붐비는 거리에서 즐거움을 발견하고, 한적한 식당보다는 붐비는 식당에서 더 흥미와 관심을 가지고 줄서서 기다려 식사하기를 즐긴다. 밀도는 객관적 개념이지만 과밀은 주관적 개념으로서 과밀하다는 것은 이미 많은 사람들의 관심을 끌고 있기 때문인데 적당한 과밀은 사람들의 흥미를 유발한다.

같은 밀도에서도 친밀감을 통해 과밀감을 줄이는 방법도 있다. 한 공간에 일시에 모르는 사람들을 수용하여 부정적인 과밀감을 느끼도록 하는 것보다는, 종국에는 같은 밀도를 가질 수밖에 없다 하더라도 점진적으로 밀도를 높여서 적응을 하여 친밀해지도록 한 다음, 단계적으로 밀도를 높이면 친밀해진 사람들과의 과밀감은 덜 느끼므로 부정적 느낌을 줄일 수 있다. 즉, 공간의 밀도라는 객관적 개념이 친밀한 사람들과 사용하는 장소로 주관성을 부여받음으로써 흥미를 유발할 수 있는 긍정적 과밀로 바뀌게 되는 것이다.

■ 생활세계의 공감감성 요소와 병리현상

공간감성의 요소들

생활세계의 공간은 외부에 대비하여 내부가 될 때 비로소 질서가 발생된다. 내부가 되기 위해서는 벽으로 막고 창과 문으로 소통을 해야 한다. 근본적으로 문은 나고 들기 위한 것이지만 창은 들여다보기 위한 것이 아니라 내다보기 위한 것이다. 사람들은 외부에는 관대하지만 내부에는 민감하며, 이러한 내부와 외부의 개념이 문화적으로 상당히 다르다.

미국에서는 대지의 경계선에 울타리를 쌓지 않고 잔디밭을 가꾸며 침범해도 관대하지만 현관문부터를 내부로 인식한다. 그러나 뒤뜰back yard은 집안에서 볼 때 외부이지만 내부로 인식되어 수영장이 있거나 휴식공간이 있어 프라이버시 침범에 예민하고 집안에서만 나갈 수 있다. 영국은 대지의 경계선에 울타리가 있기는 하지만 낮고, 문이 있어도 열려 있거나 문이 없는 경우도 있다. 현관문부터는 내부로 인식되고 반드시 뒤뜰이 있다. 그러나 이 뒤뜰은 미국의 뒤뜰과는 다르다. 내부에서만 출입 가능한 프라이버시privacy 공간이 아니라 뒷문이 있어 쓰레기를 버리거나 가사 공간이 되기도 하는 프라이빗 유틸리티private utility 공간이다.

우리나라의 상류 전통가옥을 보면 여러 개의 마당과 문을 이용하여 외부와 내부를 구별함으로써 관념과 물리적 장치를 적절히 이용하는 예禮의 구조였다. 높다란 담장과 대문이 있지만 사랑채는 지나가는 과객에게도 호의적이었다. 그러나 중문을 넘어 안채는 열려 있어도 내외담으로 가려져 있고, 직계존비속과 안채를 드나들 수 있는 하인을 제외하고는 드나들 수 없었다. 즉, 안에서 볼 때 안채는 내부요, 사랑채는 외부였던 것이다. 안채에서도 건물은 내부이고 마당은 외부이며, 안채건물에서도 안방과 건넛방은 내부이고 대청은 외부이다. 이처럼 전통 한옥은 내부와 외부가 적절히 단계적으로 조화를 이루며 신분과 장유에 따라 내외부를 구성하는 예의 구조였다.

현대에는 많은 사람들이 공동주택에 산다. 그들에게는 현관 안만 내부이고 그 밖은 모두 외부인 양 외부에는 무관심하다. 최근 들어 외부인에게 배타적인 차단장치들이 잘 갖춰진 집합주택들이 단지 밖을 명확히 외부로 규정하여 외부인의 출입을 금지함으로써 안전성 측면에서 좋은 평가를 받아 선호되고 있다. 그러나 한편에서는 물리적 장치를 넘어 마을 만들기를 통해 내 집을 넘어 마을의 공동체 활동과 소통을 함으로써 내부를 좀 더 넓혀 나가려는 움직임들이 지속가능한 사회 sustainable society를 향한 바람직한 활동으로 평가받고 있다.

소행주와 성미산 마을

소행주 류현수 공동대표는 "계속 정착해서 살기 힘든 제도와 구조를 갖고 있는 도시에서 주거문제를 함께 풀어보고 싶었다."라고 말했다. 이들이 그리는 그림은 '코하우징' 같은 공동주거방식이다. 집을 사서 '소유'하는 게 아닌, 함께 '공유'할 수 있는 공간을 만드는 게 목표다. 사생활에 대한 욕구를 충족시키면서 서재·유아 놀이실·세탁실 따위를 공동으로 사용하는 주거공간이다. 이런 코하우징은 1970년대 초반 덴마크에서 시작해 스웨덴, 미국, 일본 등으로 퍼져나갔다. 일본에도 소행주와 같은 공동주택 코디네이터회사인 도주창(도시주택을 자신의 손으로 창조하는 모임)이 있다. 그러나 일반인이 개별적으로 공동주택을 만들기란 쉽지 않은 일. 그래서 소행주는 코디네이터 역할을 자임하고 나섰다. 소행주 1호 주택이 착공식을 열 수 있었던 것은 도심 공동체인 성미산 마을이 있어 가능했다. 성미산 마을은 마포구 성산동을 비롯해 세 개 동의 주민들이 느슨한 네트워크로 연결되어 있다. 육아문제에 의기투합한 젊은 부모들이 1994년 우리어린이집을 통해 공동육아로 서로의 짐을 나눠지면서 자연스럽게 공동체를 형성했다. 그렇게 시작된 '마을 살이'는 생협을 만들고, 동네 극장을 만드는 등 그때그때 필요한 모습으로 적절히 변신을 거듭해 왔다.

출처: 장일호 (2010. 10. 1). 네이버.

공간은 폐쇄되어 있기도 하고 개방되어 있기도 하며, 볼 수 있는 동시에 감추어져 있기도 하다. 가시성은 문과 창을 통해 조절되기도 하지만 문과 창의 재료, 구성을 통해 조절되기도 한다. 내부의 폐쇄성을 줄이기 위해 담장의 일부에 트임을 주면 외부로부터의 가시성을 근본적으로 차단할 수는 없다. 그래도 폐쇄성을 줄이는 것이 목적이라면 외부로부터의 가시성은 참아내야 한다.

한옥의 가시성을 예로 들어 보자. 창밑의 머름은 앉은 자세에서 허리 아래를 외부인에게 감추며 팔을 올려놓을 수 있는 장치이다. 이 머름은 특히 여름에 창을 모두 들어 올렸을 때 진가를 발휘한다. 기단 위에 놓인 내부를 머름으로 가렸으니 안에서는 앉아서도 담 너머 먼 산까지 보이지만 밖에서는 바로 창문 앞에 앉아 있는 사람의 상반신 이외에는 보이지 않는다. 외부까지 넓게 열려 있지만 내부는 감추어져 있는 것이다. 폐소공포증을 줄이기 위해 밖에서 내부가 보이는 엘리베이터를 설치하기도 하는데 이는 외부로부터의 가시성을 높여 범죄를 예방할 목적도 있다.

수영장과 마당이 보이는 주택의 담장(싱가폴) 폐쇄성을 줄이기 위해 담장에 트임이 있어서 마음만 먹으면 외부에서 들여다볼 수 있다.

우리들은 누구에게나 열린 공간이라도 자기만의 방식으로 사용화私用化 appropriation하여 장소성을 부여하곤 한다. 전철에서 내려 강의실까지 이동하는 길은 여럿이지만 자기만의 방식으로 사용화한다. 걸어가다가 습관적으로 특정 쇼윈도를 들여다보고, 특정한 벤치에 앉아 휴식을 취한다. 카페에 들렀을 때 자주 앉던 자리가 점유되어 있으면 자리가 날 때까지 곁눈질하다가 자리가 나면 옮겨 앉고 비로소 안도감을 느낀 경험이 있는가? 친구와 들르는 카페, 그 카페에서도 특정한 자리를 차지하며 사용화한다. 사용화는 공간의 사적 이용, 수정, 변경을 통해 일어나며, 결정적으로 주어져 있지는 않지만 주어진 것은 사용화의 근거를 이룬다. 예를 들어, 자신이 변형을 시킬 수는 없더라도 도시를 산책하면서 피곤함을 느껴 앉고 싶다거나 또는 같은 거리를 늘 걸어서 친숙해진 이미지를 통해 사용화한다. 따라서 사용화는 무엇인가의 부산물이 아니라 항상 자기 자신의 발달, 그리고 자아실현과 부합되는 존재론적인 가치를 가지는 과정인 것이다.

병리적 공간감성

문화에 따라 아이에게 벌을 주는 방식이 다르다. 우리나라는 예로부터 자녀양육 시 회초리를 드는 것이 무서운 벌이었으나 서양에서는 다락방이나 좁은 방에 가두는 것을 무거운 벌칙으로 사용하는 예가 많다. 좁은 방에 가두는 것은 격리불안을 야기함으로써 다시 격리되어 공포감을 느끼고 싶지 않은 심리를 이용한 벌칙이라고 볼 수 있다. 엘리베이터나 골방과 같은 작은 공간에서 답답함을 느끼고 그러한 느낌이 불안증으로 일상생활에 지장을 준다면 병리적이라고 할 수 있다. 폐소공포증claustrophobia은 단순히 막힌 공간뿐만 아니라 전차나 비행기 속과 같이 일정시간 출구가 없는 공간, 혹은 터널과 같이 일정시간이 경과되면 지나갈 수 있는 곳도 밀실이라고 여겨 공포증이 유발되는 증세이다. 폐소공포증이 있으면 장시간 기차나 비행기를 타는 것을 두려워하고, 터널을 피해 멀리 돌아가거나, 어두운 극장에서도 출구 가까이가 아니면 불안해서 앉아 있지를 못하는 등 가볍기는 하지만 아무렇지 않은 사람들과는 차이가 있는 행동양식을 보인다.

공간 크기의 적정화는 대단히 중요하며, 사람들의 행위와 연계하여 적절한 장치를 활용한다면 가벼운 폐소공포증과 광장공포증을 미연에 방지할 수 있다. 공간감성을 유도하기 위해, 천장이 낮고 코지cozy한 공간을 의도적으로 만들기도 하고, 넓은 거실 한쪽에 작은 구획을 만들어 명상이나 다도를 위한 공간으로 사용하기도 한다. 일본의 다실茶室은 허리를 굽히고 드나들 수 있는 출입구를 두어 다도의 의례를 강조함으로써 소수가 공간을 공유하는 친밀감을 극대화한다. 즉, 좁은 공간은 필수적인 접촉을 만들어 내므로 다도로 인한 심리적 정화도 유도하면서 인간관계를 번성하게 하는 효과도 있다.

일본 다실 60×70cm의 나무 문으로 허리를 굽혀 출입한다.

공간이 크기만 하다고 좋은 것은 아니라는 것은 광장공포증 agoraphobia이라는 병리적 현상에서도 확인할 수 있다. 광장공포증은 사람들이 밀집한 장소, 백화점, 광장, 공공장소 등에 혼자서 나갈 때 갑자기 식은땀이 흐르고 현기증이 나며 심장이 빨리 뛰는 등의 불안 발작이 일어나는 증상이다. 공간 만들기에서는 열린 공간이라 하더라도 적당한 구획과 벽을 만들어 사람들이 익숙하게 무리 짓거나 숨거나 길을 찾거나 안심할 수 있도록, 즉 자연스럽게 공간에 깃들어 장소성을 느낄 수 있도록 하는 것이 좋다. 열린 공간에도 기둥이나 벽, 나무, 가구를 배치하여 두거나 적절한 싸인sign을 배치하는 것이 광장공포증 예방에 좋다.

광장공포증을 줄이는 공중가로(캐나다 토론토 시청광장)와 folly(2011 광주 비엔날레) 드넓은 광장에서 기댈 수 있는 장치가 되기도 하고, 걸어 다니기도 하고 조망하기도 하는 장치로 사용되는 공중가로

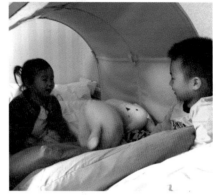

중세 성(城)의 열린 공간이 캐노피가 있　　천막덮개가 침대의 아늑함을 더해 준다. 아이들의 스케일에 맞아 아늑한 천막 안에서 노는 아이들
는 침대로 인해 아늑한 취침공간이 된다.

침대 위에 캐노피를 만들거나 휘장을 드리우는 것도, 아이들의 침대 위에 천막덮개를 만들어 아늑하게 해주는 것도 일종의 광장공포증을 예방하기 위한 것이라고 보아도 좋을 것이다.

참고문헌

손세관(1993). 도시주거 형성의 역사. **열화당 미술선서 67**. 서울: 열화당.

에드워드 T. 홀 저, 김지명 역(1984). **숨겨진 차원**. 서울: 정음사.

에드워드 T. 홀 저, 이규목 역(1989). 주거형태와 문화. **열화당 미술선서 47**. 서울: 열화당.

윤정숙 · 이경희 · 홍형옥(1992). 주거학 개설. 서울: 문운당.

이 푸 투안 저, 구동회 · 심승희 역(1995). **공간과 장소**. 서울: 도서출판 대운.

전남일 · 양세화 · 홍형옥(2009). **한국주거의 미시사**. 파주: 돌베게.

전상인(2009). 아파트에 미치다. 서울: 이숲.

하상복(2009). **푸코 & 하버마스: 광기의 시대, 소통의 이성**. 서울: 김영사.

MAG건축설계그룹 저, 조안준 역(1995). **어린이방, 여성건축사가 설계한 주거 계획집**. 서울: 산업도서출판공사.

Chapter 2

기억 속의 공간감성

공간감성은 개인적인 경험에 의해서도 자라나지만 집단무의식에 의해 규정되는 경우도 있다. 개인적 경험은 성장기의 경험으로부터 시작되며 성장기의 소우주는 성인과 다르다. 어린이의 소우주적 공간감성을 배려하는 양육태도가 중요하며, 이는 섬세하게 계획되어야 한다. 그러나 이러한 것도 문화적인 차이가 있다. 동양과 서양이 차이가 있고, 민족에 따라서도 차이가 있다.

Chapter
02 | 기억 속의 공간감성

■ 경험과 공간감성

성장기에는 소우주적 공간감성을 갖는다

외부에서 내부로 들어가기 위해 경비실을 통과하여 아파트 출입문에 카드를 긋고 들어가 엘리베이터를 타고 집 앞에 도착하여 현관문 번호 키를(혹은 지문 인식기에 손가락을 대고) 두드리고 출입하던 어린 시절에서 감성적인 측면은 찾아보기 힘들다. 어린아이의 소우주는 어른들의 편리추구와 안전추구에 담보되어 지독히 기계적인 편리성에 길들여져 있어 외부에서 내부에 이르기까지 한 사람도 만나지 않고 출입할 수 있다. 어린아이의 공간감성에서 보면 어른들의 생활세계는 광장공포증을 야기하는 두려운 곳일지도 모른다. 어린아이들은 놀 때나 잘 때나 소우주를 만들어 포근하고 안전한 느낌을 가질 수 있는 구석을 좋아한다.

미끄럼틀 아래 구석진 곳은 혼자 놀아도 적당하고 앉아서 모든 것을 통제할 수 있는 소우주이다.

어린 시절을 기억해 보면 누구나 이처럼 좋아하는 구석이 있었음을 상기할 수 있다. 계단 밑이거나 전봇대 뒤, 큰 나무 아래, 다락방, 골목이 꺾이는 후미진 곳이 나만의 공간이 되기도 하고, 또래들과의 아지트가 되기도 했었을 터이다. 구석 만들기는 스스로도 할 수 있지만 아이들의 주관적 공간을 배려하여 계획하는 것이 중요하다. 또한 예전에는 내부를 포함하여 객관적 외부까지 내부처럼 사용할 수 있는 소우주가 있었다.

동네와 마을은 친숙하기도 하지만 안전한 곳이

었고, 해떨어지기 전에 집에만 들어가면 동네 어디에 있든 안심이 되었다. 요즈음에는 공동주택 단지에 인위적으로 ○○마을이라는 명칭을 사용하지만 마을과 동네는 간곳이 없고 건축물만 있을 뿐이다. 안전한 외부는 없으며, 내부조차 완벽하게 안전하지 않다. 그런 의미에서 '성미산 마을'의 공동육아와 동네 부엌, 마을 극장과 마을 학교가 신선한 충격이며 그리움이 되고 있다.

'집'을 나와서 '마을'로 향하다

1960년대 끝 무렵 서울에서 태어나서 자란 나도, '마을'과 '골목길'에 대한 기억들이 있다. 서울이었지만 변두리라서 그랬는지 몰라도 집집마다 대문은 골목을 향해 언제든 열려 있었고, 높지 않은 슬레이트 벽돌 담벼락은 어린 내가 깡충 뛰면 마당이며 집안이 훤히 들여다보일 정도였다. 당연히 골목 안 흙길은 놀이터가 따로 필요 없는, 나를 비롯한 동네 아이들의 점령지였는데 지금도 어린 시절을 떠올리면 매일 가방 메고 오갔던 학교보다 우리집보다 더, 골목 안 풍경이, 소나기를 피해 뛰어 들어가 숨어 놀았던 옆집 장롱 안 퀴퀴한 냄새가 떠오른다. …… 높은 아파트의 담장과 벽, 화려한 건물들로 서로가 섞일 수 없게 자꾸 공간을 나누고 닫아가는 도시와는 분명 다른 모습인 듯했다. …… 어릴 적 오래된 기억으로부터 마을과 골목길을 끄집어 내보고 싶은 마음이 더 크지 않았나 싶다. 오래되었지만 바래지 않은 기억과 현재의 내가 고민하고 꿈꾸는 이웃, 마을살이의 꿈이 어떻게 섞이고 간극을 메워갈지 ……. 성미산 마을 구석구석은 낯설지만 왠지 정겹고, 익숙하지만 새로운 그런 곳이었다. …… 겁내지 않고 꿈을 가지고 한 걸음 한 걸음 나아간 성미산 마을, 그 골목길에 그 마을 어귀에 또 다른 내가 아이의 모습으로 친구를 찾아 뛰어가는 것이 보인다.

출처: 졸리(2011. 4. 15). 성미산 마을 탐방 후기. 네이버.

개인차는 있지만 어린아이의 공간감각은 12살에 완성된다고 한다. 그 전에는 익히 알던 길도 중간에 친구가 불러 같이 놀고 난 다음이라든지, 누가 불러서 뒤돌아보거나 방향만 한번 바꾸어도 길 찾기 way finding는 어려워진다. 특히 유괴 등으로 충격을 받은 심각한 상황에서 까마득하게 기억을 잊어버릴 수도 있다고 한다. 어른이 되어도 방향을 잘 모르고 목적지로 가기 위해서 이쪽에서 버스를 타야 하는지 건너서 타야 하는지 모르는 길치도 있지만 아이들은 커가면서 시야가 넓어지고 경험도 많아지면서 점점 길 찾기 능력이 좋아지는 것이다. 도시에서 랜드마크가 필요하듯이 어린이를 위한 랜드마

크는 길 찾기에 도움이 된다. 중요한 기점마다 랜드마크를 기억하는 것이 방향이나 거리보다 훨씬 효과적이기 때문이다. 친숙한 환경에서는 길 찾기가 크게 문제되지 않지만 낯선 환경에서는 전혀 다른 결과를 낳을 수 있다.

공간감성을 기르는 경험에도 질서가 있다

실제로 생활했던 공간에 대한 기억은 의미 있는 경험이며, 구체적이고 의미중심적 경험이다. 생활세계의 공간적 질서에는 세 가지 종류가 있다. 첫째는 인간의 신체를 중심으로 위와 아래, 앞과 뒤, 왼쪽과 오른쪽이라는 기본적인 공간 질서이다. 둘째는 인간의 활동구조가 있다. 붙잡고, 앉고, 걷고, 만지고, 보고, 듣고, 냄새 맡는 것을 통해 지각하는 공간적 질서이다. 셋째는 지리상의 구조와는 다를지라도 하늘과 땅 사이에서 생활을 영위해 나가는 구조로서의 공간적 질서이다. 이러한 공간적 질서는 경험과 활동을 통해 유지되며 건축적 형태와 연계되는데 결코 결정적이거나 간단하지만은 않다. 우리가 거주하고 있는 공간적 세계의 중심은 우리를 둘러싸고 있는 세계로부터 분리된 다른 종류의 질서와 혼합되어 있기 때문이다.

주거는 신성한 장소이며, 안전한 장소이고, 확신과 안정을 갖게 하는 장소이다. 주거는 우주에서 우리의 존재에 질서를 세우게 하는 원리이며, 거주자들이 타인의 접근과 행동을 확실히 통제할 수 있게 해 주는 물리적이고 상징적인 경계를 가진 분리된 영역이다. 이러한 중심이 환경으로부터 명확히 분리된다고 해도 중심은 역시 중심 속에서 강한 방향성을 나타낸다. 산다는 것은 우리가 어디에 있는지를 이해하는 것이고, 안전한 중심에 거주하며 우주에서 방향성이 있게 된다는 것을 의미한다. 주거현상의 모호함은 주거가 이웃, 마을, 경관을 포함하는 일종의 범위를 갖게 될 때 제거되며 이때 영역으로서의 주거가 명확해진다. 이러한 넓은 범위의 주거는 우리가 그 안에서 적응하며, 더 넓고 더 낯선 주변과 구분되는 질서 있는 또 하나의 중심이다.

과거의 경험으로부터 친숙해진 공간 환경을 우리는 당연하게 여기게 되고 이는 무의식으로 전환된다. 반복적인 경험을 통한 친숙함에 대한 감각은 공간감성에도 적용된다. 우리는 캄캄할 때에도 가구와 전기 스위치를 찾을 수 있는데 그 이유는 그것을 느낄 수 있기 때문이다. 익숙해지면 예측될 수 있고 정신 차리고 적응을 할 필요가 없고 일상적인 행동과 경험을 통해 안정 속에서 지낼 수 있다. 친숙한 장소는 시간적 질서가 있기 때문에 직접적인 경험뿐만 아니라 과거의 기억 속에 있는 다른 비슷한 장소에도 투사된다. 따라서 성인이 되어서의 심미적 태도와 선호를 결정하는 공간감성은 시각적 이미지가 형성되는 어린 시절의 기억과 경험에 뿌리를 둔다. 공간에 대한 시간적 질서는 내부에 대한 경험으로서 외부인에게는 무질서하게 보이기 쉽다. 내부인의 시간적 질서는 대부분 장기간 반복되는 주기와 개인의 일상적인 행동들로 이루어지기 때문에 다른 질서에 속하는 외부인에게는 그 시간적 질서가 일목요연하게 보일 수 없다. 시간적인 질서는 내부인에게는 너무나 친숙해서 당연하므로 스스로 인식하지 못하게 된다. 따라서 내부인과 외부인이 동일하게 이러한 질서를 이해하기에는 어려움이 따른다.

우리의 생활세계에는 사회문화적인 질서가 있다. 문화적인 믿음과 사회적인 관습은 선택적 질서체계를 나타내고, 사회문화적인 맥락에서 표현의 범위를 형성해 나간다. 환경적인 경험, 행동의 특정 유형과 의례들은 주로 사회문화적인 현상이다. 먹는 것은 모든 사람들에게 일반적인 것이지만 사회문화적 질서에 따라 공간적, 시간적 표현은 상당히 다르다. 한국사람들은 예전에 바닥에서 좌식으로 먹었고, 로마인들은 반쯤 누워서 먹었으며, 서구인들은 의자에 앉아서 먹었다. 우리나라의 전통사회에서는 할아버지와 손자는 겸상을 했지만 아버지와 아들은 겸상을 하지 않았다. 남녀를 구분하고 장유를 구분하며 신분을 구분하므로 각인각상各人各床일 수밖에 없어서 대청마루의 선반에는 상床이 즐비하였고, 상전이 상을 물리면 부엌에서 하인이 받아먹었다. 근대에 이르러 한 상에서 밥을 먹으면서도 남녀차별이 심했던 지역에서는 여자에게 젓가락을 사용하지 못하게 했다고 한다. 밥과 국물 그리고 숟가락으로 먹을 수 있는 반찬만 먹고 생선 같은 것은 먹지 말기를 종용하는 사회문화적 질서 때문이었다.

공동주택에서 생활하는 사람들이 많아진 요즈음, 바닥이 울리거나 이웃에 소음 피해가 심한 활동(뛰기나 피아노 치기)을 하지 않는 것은 시민의식이지만, 단지 내 규약으로 시간을 정해 소음을 발생해도 좋은 시간을 사회문화적인 질서로 자리 잡도록 유도하는 것이 좋다. 공용공간을 아끼고 반달리즘vandalism이 없어지는 것은 시민의식이 성숙하면 당연한 것이지만 공간디자인으로도 이를 예방할 수 있다. 아무도 보지 못하는 엘리베이터 안에는 CCTV를 달거나 밖에서 보이도록 투명문을 설치하고, 단지 내 어느 곳이든 시선이 닿도록 하면 반달리즘은 상당히 줄일 수 있다. 주동의 배치도 일렬형의 몰개성적인 배치보다는 영역성이 자라나도록 배치하는 것이 공동체 의식을 성숙시키고 반달리즘을 예방하는 방법 중의 하나이다. 미국 센트루이스의 푸루트 아이고 Pruitt-Igoe 아파트단지는 판상형의 몰개성적인 형태로 이웃관계에 무관심한 고층아파트단지로 건축하였는데 반달리즘이 횡행하는 것을 막지 못하여 건축한 지 오래되지 않아 폭파되었다. 우리나라에서도 90년대까지 아파트의 주동 배치는 대부분의 사람들이 선호하는 남향을 향하여 몰개성적인 판상slab형 배치가 대부분이었다. 그러나 유럽의 도시주택은 가로 주변에 주동을 블록형으로 배치하고 내부에 중정을 두어 주민들 간의 사회문화적인 질서가 공동체 중심으로 이루어지도록 구성되어 있는 경향이 있다. 유럽의 도시들을 지나다가 건물이 끊긴 곳을 들여다보면 어김없이 중정이 있었던 경험이 있지 않은가. 최근 들어 우리나라에도 블록형 아파트가 지어지고 있는데 이러한 아파트에 사는 사람들의 사회문회적인 질서는 사방으로 뚫린 판상형 아파트 거주자와 다르게 형성될 것이라는 점은 어느 정도 분명해 보인다.

기억 속의 공간감성은 정체성을 형성한다

정체성으로서의 공간감성은 일차적으로 정서적이고, 감정적이며, 마음이 머무는 장소

도로를 건물이 둘러싸고 있지만 내부는 중정을 향해 열린 유럽의 도시주택

중정을 둘러싼 은평 뉴타운의 블록형 아파트. 공동체의식이 생겨날 것으로 기대된다.

이다. 정체성이란 거주자로부터 장소 자체의 공간적 정체성을 얻고, 또한 장소로부터 자신의 정체성을 얻는, 사람과 장소의 결속 혹은 몰입을 의미한다. 질서로서의 공간과 정체성으로서의 공간은 밀접한 상관관계가 있다. 정체성은 공간에서 우리가 어떻게 표현되고 우리가 공간을 어떻게 사용하고 있는가에 대한 질문을 이끌어 낸다. 정체성으로서의 공간의 의미는 집단적인 동시에 개인적이고, 어떤 의미에서는 보편적이다. 공간과 신체에 관한 은유를 보면, 공간은 일반적으로 위와 아래, 앞과 뒤를 구분하는 상징적 신체로 경험된다. 신체와 같이 자신과 다른 것 사이의 경계를 구분하고 그렇게 함으로써 신체로 은유되는 공간은 경계를 설정한다. 이러한 것은 신체로 은유되는 장소가 도둑을 맞거나 침입을 당할 때 개인적으로 더럽혀졌다는 떨쳐버릴 수 없는 느낌을 갖게 되는 것으로 검증된다.

원시사회에서는 정체성이 공간으로 구체화된 예가 많다. 도곤Dogon족과 북부 아프리카의 카빌레Kabyle족은 성적인 결합을 상징적으로 표현한 형태의 주택에 살고 있다. 아마존의 투카노Tukano족에게 있어 난로는 자궁의 상징이다. 인도네시아의 아토니Atoni에서는 바다와 마른 대지로 구성된 지구, 그리고 이를 덮고 있는 하늘의 세 가지 요소가 방(마른 대지), 베란다(바다)를 덮고 있는 다락방(하늘)으로 주택에 상징화된다. 주택의 중심에는 난로가 있고 난로불은 하늘의 불인 태양에 상징적으로 대치되는 대지의 불이라고 생각된다. 태양과 난로는 대우주와 소우주의 상징적인 연결로서 끈으로 단단히 묶인 두 개의 지붕 마룻대로 표현된다. 정체성identity으로서의 공간은 세계관에 대한 자기 이미지의 표현에 불과한 것이 아니라 집터 그 자체에 의해 제공되는 중요한 구성요소이다. 우리는 장소에 정체성을 부여할 뿐만 아니라 그 장소에서 우리의 정체성을 이끌어 내는 것이다.

클래팜Clapham은 주거의 의미를 정체성과 생활양식으로 설명할 수 있다고 하였다. 그런데 정체성은 가족구조, 자녀, 이혼, 직업 등에 의해 형성되고 이러한 요소들이 생활양식으로 표현되고 결국은 공간감성에도 영향을 미친다. 정체성은 과거와도 연결되어 있다. 시간적인 질서는 친숙함과 관계가 있으나, 시간적 정체성은 우리가 어디로부터 왔고 우리가 누구인가를 결정한다. 물리적인 환경은 기억의 닻 역할을 하고 우리의 경험은 고유의 의미가 있으며, 그러한 경험들이 발생했던 장소에 의미가 깃들게 된다. 물리적인 환경은 관계를 통해 기억에 남을 수 있어 매우 중요함에도 불구하고 별로 인식되지 못하고 있다. 투안^{Tuan}은 사람들이 느끼는 감정은 물건과 장소에서 발견되며 그들이 특별한 의미를 갖는 정도만큼 물건과 장소가 창조된다고 하였다. 기사로^{Gisaro}라는 의식에서는 비탄과 슬픔을 일으키기 위하여 주변경관을 따라 걸으면서 장소의 명칭을 이용하여 즉흥적으로 노래를 짓는다. 사람들은 장소와 명칭이 그들에게 전해짐으로써 장소와 관련된 친밀한 기억들을 되살린다. 이러한 행동의 목적은 이 세상을 떠나버린 친척과 조상 그리고 잊혀진 과거에 대한 슬픔을 불러일으키기 위한 것이다. 그런 방법으로 과거와의 연계성은 주기적으로 다시 새롭게 된다. 기억의 닻으로서 환경은 우리를 현재와 과거, 경험과 기억 사이의 상호작용에 참여할 수 있게 하는 역할을 한다. 즉, 환경에 반영된 기억들은 현재의 공간에 대한 경험들을 창조하도록 도우며 그러한 경험들은 다시 기억으로 보존되고 회상되고 심지어 기억을 수정시키기도 한다.

기억 속의 공간감성은 연계되어 있다

시간적인 정체성으로서의 공간은 과거와의 연계성을 나타낼 뿐만 아니라 미래와의 연결로 확대된다. 자율적인 장소로서 공간의 이러한 측면은 정체성으로서의 공간과 연결되어 있으며 또한 미래로 연결되어 있다. 공간은 인간과 세계의 연계 속에서 볼 때, 특정 장소에서 우리가 경험하는 것에 질서, 통합, 그리고 의미를 부여하는 관계들로 구성되어 있다. 인간과의 연계는 사회문화적인 질서의 유형과 정체성을 가지고 표현하는 장소의 역할을 통하여 형성된다. 장소와의 연계는 일정한 장소에의 적응을 통해, 일정장소에 뿌리를 내리고 각각의 고유한 장소에서 토착적인 정체성을 얻음으로써 형성된다. 과거와의 연계는 장소에 대한 기억을 되살려

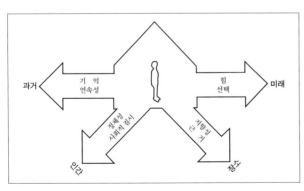

과거, 인간, 장소, 미래의 연계 기억 속의 공간감성은 인간, 장소, 미래와 연계되어 있다.

이 기억에서 유래된 연속성과 친밀감의 경험으로부터 이루어진다. 미래와의 연계는 역동적인 힘과 자율성이 환경변화를 원하는 꿈과 희망을 받아들일 때 형성된다.

■ 집단무의식과 공간감성

집단무의식은 내재된 공간감성이다

융Jung은 프로이드Freud의 '개인무의식'과 함께, 모든 인간들에 의해 공유되는 '집단무의식collective unconscious'의 증거를 발견했다. 개인무의식이 콤플렉스, 즉 오이디프스 콤플렉스Oedipus Complex에 의해 조직되는 반면, 집단무의식은 꿈과 신화에서 추적해 낼 수 있는 '원형들'과 '행동과 지각의 본능적인 패턴들'에 의해 특징 지워진다. 신경증과 같은 장애는 무의식에 억압된 성적 욕구나 어린 시절 마음의 상처만으로 생기는 것이 아니라 목적을 지닌 의미 있는 고통이다. 무의식은 의식에서 받아들이지 않아서 억압된 충동의 창고가 아니고 스스로 마음의 균형과 조화를 조절하는 창조의 샘이다.

인간은 저마다 특수한 의식구조를 가지고 있지만 동시에 인간은 태초로부터 내려오는 인류의 모든 체험의 씨앗을 태어날 때부터 가지고 있다. 그것은 정신생활에 활력을 주는 원천이다. 참다운 개성은 의식뿐 아니라 무의식의 정신을 모두 합친 전체 정신이며 무의식에는 의식과 무의식을 하나로 통합할 수 있는 잠재력이 있다. 우리가 가지고 있으나 모르고 있는 무의식의 내용을 깨달아 나감으로써 작은 의식의 중심인 자아로부터 큰 전체 정신의 중심인 자기에게로 다가갈 수 있다. 이 과정을 자기실현 또는 개성화라고 한다. 대부분의 신경증적 장애는 집단사회가 개인에게 강요하는 기대에 지나치게 맞춰줌으로써 진정한 개성, 자기로부터 소외된 삶을 살 때 생긴다. 이것은 또한 삶의 방향을 바꿀 수 있는 좋은 기회가 된다. 이 경우의 치료란 무의식을 들여다봄으로써 진정한 자기를 찾는 작업이다.

어릴 적부터 경험한 적이 전혀 없는데도 장작불을 땐 따끈한 온돌방을 좋아했던 경험이 있는가? 우리나라도 공동주택의 도입초기였던 1972년 반포아파트의 난방은 라디에이터에 더운물을 흘려보내 실내공기를 덥히는 방법이었다. 시간이 지나자 사람들은 방 하나라도 라디에이터를 걷어내고 전기온돌을 놓았다. 1980년대에 공급된 아파트는 방은 온수온돌로 하고 거실과 화장실 부엌 등은 라디에이터로 난방을 하였고, 1990년 대에는 화장실을 제외하고 거실과 부엌 바닥까지 온수온돌을 설치하였다. 서구적 난방 방식이 무차별하게 도입되었으나 부적응기를 거쳐 바닥이 따뜻한 복사열에 익숙한 한 국인의 온열감각에 적응하느라 30여년이 소요된 것이다.

한국인은 원래 좌식생활을 즐겼다. 문갑이나 사방탁자, 서안 등의 가구도 좌식생활 에 맞게 발달되었으며, 보료나 안석, 장침과 단침도 좌식생활에 걸맞는다. 고구려 시대 의 벽화를 보면 허리를 묶던 여성의 복식도 좌식이 일반화되자 가슴을 묶는 방식으로 서서히 바뀌었다. 앉아서 생활하는 방은 천장이 낮았으나 서서 이동하는 대청마루는 연등천장으로 높았다. 공간의 크기는 기둥과 기둥 사이를 한 칸으로 하여 작게는 1.8 평부터 크게는 3.8평에 이를 정도로 일률적이지 않았다. 초가삼간, 한칸 두거斗居, 우거 禹居 등으로 표현되는 주택은 허리를 굽히고 드나들며, 천장도 삿갓천장으로 낮고 소박 하였다. 뿐만 아니라 선조들은 5실5허五實五虛라 하여 가족에 비하여 공간 배분이 과다 하고 공간배치가 적절하지 않고 환경과 조화를 이루지 않으면 살 집으로 좋지 않다고 생각하였고 화려한 것을 경계하였다.

산업화를 거치면서 한국인의 공간감각은 지각변동이라고 할 만큼 변화되었다. 똑같 은 모양의 공동주택이기 때문에 경제력에 따라 내세울 수 있는 것은 크기뿐이었다. 어 느 지역에 있는 몇 평의 아파트에 거주하는가가 사회계층을 대변하는 듯했다. 그러나 사회가 발전하면서 지속가능한 사회, 지속가능한 환경에 대한 가치가 확립되고, 2인 가구와 1인 단독가구가 급증하면서 주택의 크기와 위치만으로 비교하던 가치는 변화 하고 있다. 공간감각이 다시 회귀하고 있는 것이다. 성공보다는 행복이 더 중요하고, 공유공간이 있는 공동주택이 선호되고, 단지형 단독주택이나 타운하우스가 주목을 받 고, 인터넷이나 통신의 발달로 전원주택이나 생산적 귀농이 소비와 교육의 소외를 의 미하기보다는 여유로운 삶의 경영을 의미하게 되었다.

한국인의 집단무의식에서 사생활 조절이 공간 이외에도 예의의 구조로 보완된 역사 는 있지만, 프라이버시 감각이 서양과는 상당한 차이를 보인다. 한국인은 시각적 프라 이버시에 민감한 반면, 서양인은 음향적 프라이버시에 민감하다. 그래서 한국인은 담장, 내외담, 예의의 기제로 시각적 프라이버시를 유지하지만 음향적 프라이버시에는 관대하다. 서구인들은 시각적인 것에 관대한 반면 이웃 간의 소음에는 민감하다. 서구인에게 소음방지는 일종의 프라이버시이자 권리로서 피해가 올 경우 곧바로 경찰에 신고를 하기도 한다.

내재된 공간감성의 집합이 문화이다

우리에게 방이란 무엇인가, 방이란 가장 편안하며 외부에 대비하여 가장 내부적인 곳이다. 집밖이 아니라 집안이고 마당이 아니라 실내이며, 외부인에게 노출되는 곳이 아니라 사생활이 보호되는 가장 은밀한 곳이다. 방에서는 거주자의 침실도 되고 드레스룸도 되고, 응접실도 되며, 심지어는 여기서 거주자는 수세와 배설도 한다. 이처럼 한국인의 집단무의식 속에서 방이란 온전히 나에게 속한 가장 편안하고 은밀한 곳이다. 그래서인지 외부공간에 대해 유독 은밀함과 편안함을 강조하고자 마케팅으로 방이라는 말이 자주 사용된다. 한국 전통가옥의 온돌방을 경험해 보지 못한 젊은이들에게도 방 문화는 집단무의식으로 작용하여 편안함과 은밀함을 주는가 보다.

> 외신, "한국 '방' 문화의 최고봉은 역시나 ……"
>
> "한국 '방' 문화의 최고 경지는 '찜질방'이다." 미국 크리스천 사이언스 모니터 (CSM)가 한국의 노래방, DVD방, 게임방 등 '방' 문화를 소개하며, 이중 방 문화의 최고봉은 찜질방이라고 지난달 24일 글로벌 뉴스를 통해 소개했다. CSM은 일반적인 한국인들은 사회적 통합과 위신 등을 매우 중시하지만, '방'에만 들어가면 느긋하게 즐기기 시작한다고 전했다. 특히 바쁜 사회생활에서 잠시 여유를 즐기고 싶을 때면, '방'을 찾아 오락거리를 즐기거나 휴식을 취한다고 소개했다.

한국인에게 마당은 어떠한 의미인가. 상류주택의 마당은 행랑마당, 사랑마당, 안마당, 별당마당으로 불리우며 여러 개의 채로 이루어져 있고 각 채마다 독립된 마당이 있다. 마당은 밖이고 실내는 안이지만 모든 방과 마루가 여름이면 마당을 향해 열려 있어서 마당은 방의 연장선에서 사용되었다. 안채를 예로 들면 우물이 있어 빨래를 하기도 하고, 음식을 만들기도 하며, 집안행사가 있으면 자리를 깔아 마당까지 넓혀 사용을 하였다. 즉, 마당이란 내부로는 모자라는 공간을 보완하는 열린 공간으로서 다양한 활동이 펼쳐지는 곳이었다. 현대에 사용되는 열린마당, 문화마당, 상상마당이라는 용어의 의미는 문화도 상상도 공유할 수 있도록 마음껏 펼치라는 의미일 것이다. 전통적으로 마당은 각 채에 달린 공간으로서 외부인 밖에 대해서는 배타적인 내부로서의 의미가 강하였다. 열린 공산으로서의 마당 문화는 내부인에게는 열려 있지만 외부인에게는 배타적인 것이다.

다른 문화권과 달리 한국은 대지의 경계선에 울타리를 치고 내부 공간화하는 공간감성을 지녔다. 이 울타리의 재료와 여기에 달린 대문은 신분을 상징하는 소슬대문, 열녀를 기리는 홍살문이 되기도 하고, 봄이면 입춘방을 붙여 봄맞이를 하거나, 동지면 팥죽을 뿌려 액운을 막고, 제주도에서는 정낭을 만들어 집주인의 출타기간을 알리기도 하였다. 즉, 울타리는 단지 내부를 보호하기 위한 펜스fence로서의 기능뿐만 아니라 집주인의 지위와 명예, 출타기간까지 알리는 상징성을 가졌던 것이다.

현대주택의 울타리 문화는 점점 서구화되는 경향이 있다. 아파트 단지의 울타리는 조경을 하여 내외부 간 경계가 허물어지고, 학교나 관공서의 울타리도 그러하며, 단독

회원제클럽 The State Room 남성만의 VIP 클럽으로 영국 귀족 남성전용클럽의 분위기를 냈다고 홍보하고 있다.

주택도 주차장을 만들거나 골목으로 열려서 방어적인 울타리가 점점 사라지고 있다. 그 대신 안전을 위해 CCTV, 방범용역 서비스, 112 전화와 같은 안전장치가 발달하여 침입에 대비한 물리적 울타리는 점점 의미가 엷어지고 있다. 아파트에서는 이미 재건축 시 산정되는 개인지분 평수만 있을 뿐 전용면적 이외에 개인적으로 내 소유의 땅을 증빙하는 것은 의미가 없다. 아파트 단지의 방어선도 자동차를 위한 차단장치는 있지만 통행자가 주동까지 접근하는 것에는 문제가 없다. 그렇다고 울타리에 대한 집단무의식이 사라진 것일까?

상징적 측면에서 울타리 문화는 점점 더 견고해지고 있는 것으로 보인다. 지역울타리, 출신학교 울타리 같은 것도 있지만 계층에 따른 소비물품의 차이와 같은 울타리 안에서 공유하는 소비문화뿐만 아니라 레포츠, 음악회 house concert와 같은 문화소비가 회원제 클럽 형식을 빌어 공간감성과 연동하여 차별화되고 있음은 문화발전 측면에서 우려할 일인지 환영할 일인지 좀 더 두고 볼 일이다.

참고문헌

건축도시공간연구소(2010). auri M 창간호, 01. 안양: 건축도시공간연구소.

에드워드 T. 홀 저, 이규목 역(1989). 주거형태와 문화. **열화당 미술선서 47**. 서울: 열화당.

전남일 · 양세화 · 홍형옥(2009). 한국주거의 미시사. 파주: 돌베게.

전상인(2009). **아파트에 미치다**. 서울: 이숲.

주거학연구회(2004). **안팎에서 본 주거문화**. 서울: 교문사.

홍형옥 편(1998). 인간과 주거. **주거학강좌 IV**. 서울: 문운당.

홍형옥 외 13인(2005). **생활 속의 공간예술**. 서울: 교문사.

Clapham, D.(2005). *The Meaning of Housing*. U.of Bristol, UK: The Policy Press.

동서양의 공간감성

우주를 바라보는 두 사람이 있다.
한 사람은 동양인이고, 한 사람은 서양인이다.
한 사람은 눈을 감고 마음으로 보았고,
한 사람은 망원경을 통해 보았다.
한 사람은 象을 보고 미소지었고,
한 사람은 형체를 관찰하며 웃었다.
과연, 누가 더 정확하게 본 걸까???
그리고 두 사람은 왜 서로 다른 방향을 보게 된 것일까?

동양인과 서양인은 서로 다르게 생각하고 행동한다. 이들은 오랜 세월에 걸쳐 서로 다른 자연환경, 사회구조, 철학사상, 종교, 교육제도 등으로 인해 서로 다른 사고를 가지게 되었고 이는 결국 실생활이나 다른 많은 영역에서 서로 다르게 생각하고 행동하는 원인이 되었다. 공간에 대한 사고도 마찬가지이다. 공간을 어떻게 경험하는가에 따라 사람들은 자신이 가지고 있는 고정적이고 관념적 경험방식이 당연한 것으로 알게 된다. 이러한 경험이 오랜 세월 지속되면 각 시대나 지역에 따라 공간에 대한 사고가 다르게 나타난다. 특히 너무 다른 환경에 놓여 있던 동양인과 서양인은 근본적인 사고방식은 물론 공간을 바라보는 감성에도, 형태를 이해하는 방식에도 차이가 난다. 시대가 변하여 우리는 동양의 전통과 서양의 근대를 모두 경험하고 오늘날 여기까지 와 있다. 결국 동양과 서양이 혼합된 문화에 길들여져 있다는 것이고 우리가 서양인과 어떻게 다른지 대부분 모르고 살아간다는 것이다. 과연 동양인과 서양인은 어떻게 다르며 무엇이 그들을 그렇게 생각하고 행동하게 만들었는지? 또 그들의 서로 다른 감성이 무엇이고 특히 공간에 대한 감성은 어떻게 다른지 살펴보도록 하자.

Chapter 03 | 동서양의 공간감성

■ 서로 다른 감성

사고, 종합적 사고와 분석적 사고

동양인들은 수학과 과학을 잘하는데 그 분야의 발전은 왜 서양이 더 두드러질까?

여러분 앞에 원숭이와 팬더와 바나나가 있다. 세 가지 중 두 개를 묶으라고 하면 여러분은 어떻게 선택할 것인가?

이를 두 개로 묶는다면?

서양인들은 팬더와 원숭이를 주로 선택했고, 동양인들은 원숭이와 바나나를 주로 선택했다. 동양인들은 '원숭이는 바나나를 먹는다'는 두 사물의 관계를 중요시했고, 서양인들은 팬더와 원숭이는 동물이고 바나나는 식물이라는 공통요소로 분류하였다. 같은 답이지만 동양인들은 '먹는다'라는 동사로 표현하고, 서양인들은 '동물'이라는 명사로 표현하였다. 동양에서는 사물 간의 관계에서 일어나는 상호작용을 중심으로 생각하기 때문에 물체가 변화하는 동사 위주로 표현하며, 각각의 사물이 독립된 개체라 믿는 서양에서는 변화하지 않는 명사 위주로 표현하여 사물을 독립적으로 분류하려는 경향이 있다. 실제로도 서양인들은 명사를 많이 사용하고, 동양인들은 동사를 많이 사용한다. 이러한 사고방식의 차이는 세상과 우주를 바라보는 시각의 차이로 확장된다.

동양의 사고에서 우주는 기로 가득 차 있어 정적인 곳이 아닌 동적이고 변화 가능한 곳으로 여겼다. 이 우주의 사물은 기로 서로 연결되어 있고 기의 흐름은 사물을 둘러싼 환경과 긴밀한 영향을 주고받는다. 따라서 모든 사물은 늘 변화하면서 새롭게 태어난다. 현실은 끊임없이 변화하기 때문에 현실을 반영하는 개념들 역시 고정적이지 않고 유동적이며 주관적이다. 금강산은 이름이 네 개다. 봄, 여름, 가을, 겨울에 따라 다르게 보이므로 이름을 달리 불러준다. 그렇다고 금강산이 아닌 것은 아니고 변화에 따라 융통성을 부여한 것이다. 그러나 서양의 사고에서 우주는 텅 빈 허공으로 여겨 왔다. 텅 빈 공간 안의 사물들은 각각 독립적으로 존재한다. 서양인들은 떨어져 있으면 서로 영향을 주고받을 수 없다고 생각하였다. 모든 존재는 고정적인 의미를 가지고 있고 변하지 않는 존재이므로 같은 속성을 가진 것끼리 분류하는 것이다. 서양인들은 어떤 현상의 원인은 사물이 가지고 있는 내부 속성 때문이라 생각하고, 동양인들은 사물을 둘러싼 상황 때문이라 생각하였다. 어떤 행동에 대해서도 서양인들은 타고난 본성을 믿는 반면에 동양인들은 상황에 따라 다른 행동을 한다고 믿는다.

사람을 평가할 때도 동서양의 기준은 서로 다르게 작용한다. 동양에서는 사람을 평가할 때 그 사람의 주변환경과 가정환경, 인간관계 등을 중요시해 왔다. 개인을 바라보는 것이 아니라 그 사람 주변의 상황과 주변과의 상호관계 속에서 평가해 왔고, 개인보다는 가문과 가족이라는 개념이 더 중요시되어 왔다. 이에 반해 서양에서는 어떤 사람을 알고자 할 때 그 사람의 성격과 성향, 가치관, 사고방식, 심리상태 등 그 사람 자체를 평가해 왔다. 어떤 가문의 누구라기보다는 그 사람 자체를 더 중요하게 여겨 왔다.

이를 종합해 보면, 동양이 주변과의 관계와 상황에 따른 종합적 사고로 판단한다면 서양은 사물이 가지는 본성과 그 자체를 분석하는 분석적 사고로 판단한다. 동양은 전체의 연결성 속에서 하나의 개체를 바라보고, 서양은 각 부분, 부분들을 통해 전체를 바라보는 것이다.

'분석적 사고'는 사물을 개별적으로 관찰하고 공통된 규칙성에 따라 분류하는 것이다. 사물의 규칙을 알아내기 위해서 사물을 이루고 있는 구성요소를 분류하는 것이다. 이는 서양의 건축에서 잘 드러난다. 고대 그리스인들은 사물의 아름다움이 형식에서 나온다고 믿었다. 아름다움도 비례를 적용하여 분석적이고 규칙적으로 표현하였다. 서양에서 비례는 면이나 선을 아름답게 분할하는 방식뿐만 아니라 정신이고 철학이며 종교적 믿음 같은 것이었다. '비례를 통한 조화로운 전체의 형성' 이것이 서양문화의 가장 중요한 가치이다. 이처럼 서양인들은 개념이나 대상물을 독립적으로 분명하게 지칭하고 객관적으로 정의하려 하였다.

아름다움이란 것은 일정한 크기와 질서에서 온다.
– 아리스토텔레스 –

동양은 규칙과는 무관하게 종합적으로 바라본다. 두루뭉술한 느낌과 생각으로 전체적인 감感을 잡는 것으로 만족하고, 구체적으로 규정하는 것을 피한다. 구체적으로 규정하면 그 개념은 명확하지만 그와 관련된 인접 영역은 단절되고 전체적 의미가 손상되기 때문이다. 아름다움이라는 것도 특정한 개념 규정 없이 자연스러움을 추구한다. 아름다움은 객관적일 필요가 없는 주관적인 느낌이며 대상에만 국한될 수 없는 교감적 상황이다. 비례가 완벽한 건물은 아름답다. 그러나 비례가 맞지 않는다 하더라도 우리의 추억이 있고 인간과 교감할 수 있는 무언가가 존재한다면 아름다운 건물이 된다.

관계, 더불어 살기와 홀로서기

동서양 사고방식 차이의 가장 근본적인 출발점은 서로 다른 자연환경이다. 두 문화의 상이한 자연환경은 서로 다른 경제적·정치적·사회적 체계를 초래하였다.

동양인은 사회적이고 서양인은 개인적이다.
– 프랜시스 슈 –

동양은 여름철에 비가 집중적으로 내리고 고온다습하여 농경생활에 알맞은 자연조건을 갖추고 있다. 따라서 일찍부터 발달한 농경생활은 한 자리에 정착하는 삶을 뿌리내리게 하였다. 정착생활에서 이루는 공동체는 농사를 위한 집단 내의 협업이 절대적으로 필요했으므로 집단주의 사고와 행동양식이 쉽게 뿌리내리게 된다. 이러한 풍토에서 생긴 종교는 집단 내에서 원만한 인간관계를 최우선 과제로 삼아 집단을 위한 개인의 희생을 미덕으로 여기고 개인주의는 악덕으로 격하시켰다. "모난 돌이 정 맞는다.", "일등하려다간 꼴등한다." 등은 집단주의 사고를 잘 반영한 격언이다.

서양문화의 원류가 되는 그리스는 해안까지 연결되는 산으로 이루어져 농업보다는 유목과 무역에 적합한 환경을 가지고 있다. 유목과 무역은 떠돌이 삶에서 각자 역량만큼 이름을 떨치고, 자기 역량으로 확보한 만큼 자기 소유로 할 수 있어 그들에게는 개인의 자아실현이 삶의 최대과제였다. 서양인들은 아이가 태어나면 잠자리를 따로 떼어 재우는 데서부터 독립지향적인 인간으로 살기를 기대한다. 그러기에 개인주의가 능동적이고 적극적인 삶을 살 수 있는 바람직한 행동양식이라 본다.

서양에서 '나(I)'는 모든 것의 중심이다. 개인은 원자와 같이 최소의 독립적인 단위로 중요한 의미를 지닌다. 개인에 대한 존중, 자유, 권리, 경쟁 등은 민주주의와 자본주의의 기반을 이루는 이념으로 성장해 왔다. 개인의 독립적인 삶을 지향하여 타인에게 매달리거나 의존하지 않고 혼자 힘으로 살 수 있도록 교육받고 자신의 능력을 키운다. 자신감이 있고, 독립적인 삶을 영위하며, 자신의 능력을 자랑스럽게 생각하는 사람을 이상적인 인간형으로 여겼다. 서양에서 '나'라는 존재는 '우리' 혹은 '우리 가정'이라는 집단적 존재보다 더 중요시된다. 나에 대한 이성적 이해 없이 무조건 부모의 말씀에 순종한다는 것은 있을 수 없으며, 나에게 어떤 필요나 유익이 없는 의무는 가족 간이라도 강요되기 힘들다. 자신의 삶은 스스로 주관하는 것이므로 자신이 원하는 대로 자유롭게 행동할 수 있다는 확신을 가지고 있다.

동양은 나보다는 자신이 속한 집단을 최소단위로 여겼다. 내가 속한 가족과 학교, 회사, 나라로 확장되어 나타난다. 집단주의는 오랜 유교의 영향과 어울려 가족주의로 발전하였고 이러한 가족주의는 가족과 나를 동일시한다. 가족의 일이 나의 일이고 나의 성공은 가족의 성공이요 가문의 영광인 것이다. 이러한 집단주의는 겸손함을 미덕으로 여기며 법을 어기지 않고 경우에 맞게 행동하며 집단에서 좋은 친구와 좋은 일원으로 지내는 것이 이상적인 삶이었다. 조화로운 인간관계를 중요시하여 어릴 적부터 여럿이 함께 하는 삶을 교육받았고 자신을 주변 환경에 맞추도록 수양하는 일을 중시했다.

물건을 선택하는 기준도 동서양이 서로 다르다. 서양인이 남과 구분되기 위한 선택을 한다면 동양인은 남과 하나가 되기 위한 선택을 한다. 즉, 서양인은 남들보다 튀기 위해 노력하고 동양인은 튀지 않기 위해 노력한다. 동양인들은 주류문화에 소속되기를 열망하여 물건을 구입할 때도 다른 사람의 평가를 중요하게 여긴다. 서양인들은 개인의 호불호가 분명하다. 개인의 취향에 따라 먹고 싶은 메뉴와 하고 싶은 일을 명확히 선택한다. 동양에서는 개인 스스로 선택해야 할 일이 많지 않아 개인이 스스로 선택해야 함에 두려움을 가진다. 점심메뉴를 고를 때도 '아무거나'를 외치고 메뉴를 통일시킨다. 처음 서양문화를 접하는 동양인들은 레스토랑의 주문에서부터 복잡하고 혼란스럽다고 느낄 것이다. 미국의 4Food는 손님 개개인이 좋아하는 재료를 직접 선택해서 자신만의 햄버거를 디자인한다. 패티는 소고기, 양고기, 칠면조 고기 등 각종 고기는 물론 채식주의자를 위한 야채 패티 또는 연어, 계란 등 다양한 패티를 구비하고 있고, 취향에 따라 아보카도, 치즈, 감자, 시금치, 초밥도 넣을 수 있다. 4Food 측에 따르면 고객이 선택하여 먹을 수 있는 햄버거의 '경우의 수'가 총 1억 4천만가지 이상이 된다고

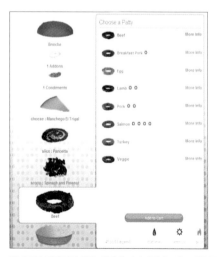

한다. 그러나 동양의 레스토랑은 선택의 불편함을 해소하기 위하여 세트메뉴가 많다. 이런 동양인들에게 자기 취향에 따라 선택사항을 조목조목 요구하는 서양인들은 유별나고 까다롭게 느껴질 것이다.

이러한 동양의 집단주의와 서양의 개인주의는 의복에서도 그대로 나타난다. 동아시아를 여행하다 보면 교복을 입고 등하교하는 학생들을 많이 볼 것이다. 왜 똑같은 교복을 입고 다닐까? 서양인들이 보기에는 이상할 것이다. 그렇다면 왜 잡스는 청바지와 운동화를 고집했을까? 개인주의가 팽배한 미국에서 자신의 개성을 돋보이기 위해서일까? 미국 인터넷 매체인 고커 Gawker가 보도한 기사

햄버거를 개개인의 취향에 맞게 디자인할 수 있는 4FOOD
출처: http://4food.com

에 따르면, 애초 잡스는 '애플 유니폼'을 만들려다 뜻대로 되지 않자 '잡스 유니폼'을 만들었다고 한다. 사실 잡스는 1980년대 이전, 셔츠에 넥타이를 매고 조끼까지 갖춰 입기도 했다. 1980년대 초 일본을 방문한 잡스는 똑같은 유니폼을 입은 소니 직원들의 모습에서 깊은 인상을 받아 애플에도 같은 정책을 적용하고자 이세이 미야케에게 애플 유니폼 제작을 부탁하였으나 자유분방한 애플 직원들은 개성을 무시하는 유니폼을 반대하였다. 사실 소니의 유니폼은 전쟁 후 입을 옷이 없어 회사에서 나눠 주었던 옷이다. 그러나 직원들을 하나로 묶어 주는 수단이 되고 소속감을 부여하는 역할을 하게 되었다. 직원들의 반대로 태어난 잡스룩에도 동서양의 문화 차이가 그대로 드러난다. 개인주의 성향의 서양인들은 단체복과 같은 유니폼은 개인의 개성을 무시하는 옷이기 때문에 받아들일 수가 없다. 그러나 집단주의 성향의 동양에서는 유니폼은 집단의 소속감과 일체감을 심어 주는 옷으로 별 거부감이 없이 받아들여진다.

이러한 동서양의 성향은 사는 방식에도 그대로 드러난다. 서양의 집은 담장이 없고 마당이 개방되어 있는데 반해 동양의 집은 높은 담장으로 둘러싸여 있다. 그러나 내부공간은 정 반대이다. 서양에서는 개인이 사회의 기본단위이다. 따라서 같은 집에 사는 가족이라 할지라도 개인의 사생활을 존중한다. 집안에서의 공간 소유는 개인화personalization되어 문을 닫고 침실로 들어가면 나의 사생활은 보장된다. 부모는 아이 방에 마음대로 들어갈 수 없으며 아이도 부모 방에 들어갈 수 없다. 그러나 동양에서는 개인이 아니라 가족이 기본단위이기 때문에 외부와는 폐쇄적이나 가족 간에는 개방적이다. 집안에서의

블랙 터틀넥, 청바지 그리고 뉴발란스 운동화로 불리우는 '잡스룩'
(사진 obamapaceman)

붉은악마의 응원은 전체가 돋보이게 만든다. 개인주의 사고에서는 불가능한 미션이다.

서양의 합리적인 기능과 동양의 정서가 조화된 부엌, 다목적 공간으로 활용할 수 있다(한샘 키친바흐 600 프레임오크).

공간은 개인화되어 있지 않아 누군가와 방을 공유하는 경우가 많고 집안 내에서 개인의 사생활은 거의 존재하지 않는다. 온 가족은 안방에 모여 같이 TV를 보고 밥을 먹으며 공동체적 생활communal life을 해 왔다. 그러나 현재를 살고 있는 우리들은 기능적으로 공간이 분리된 아파트생활에 익숙해져 있고 개인의 프라이버시와 권리를 중요하게 여기고 있다. 밥을 먹고 각자의 방에 들어가 하루 종일 한 마디도 하지 않는 가족이 늘고 있다.

집단주의 성향을 가진 우리에게 문화적 지속가능성을 위해서는 서양의 폐쇄적 공간보다 개방적 공간이 더 어울린다. 다양한 활동의 가능성을 열어 두고 가족구성원이 함께 공유하고 채워나갈 수 있는 융통성 있는 공간과 그 공간에서 가족 간에 다양한 이야기를 채워 나가면 어떨까?

대상, 되려 하기와 보려 하기

동서양은 대상을 이해하는 방식이 다르다. 동양인은 내가 대상과 하나가 되어 대상의 입장에서 바라보고 생각한다. 의사소통도 듣는 사람의 입장에서 상대방을 배려해 왔다. 소통의 출발은 자신이 아니라 듣는 수신자의 측면을 고려해 메시지를 정의하고 이를 전달하였다는 것이다. 서양인은 나와 대상을 명확히 구분하고 자신을 중심으로 대상을 관찰하고 분석한다. 의사소통에도 내가 편한 대로 메시지를 정의하고 이를 상대방에게 전달한다. 이는 듣는 사람이 받을 준비가 되었는지 알아들을 수 있는지 등의 고려 없이 자신의 생각을 이야기하는 접근방식이다.

물에 빠졌다고 가정할 때 우리나라 사람들은 "사람 살려!"라고 외치지만 영어권에서는 "help me!"라고 외친다. 위기의 상황에서 나를 '사람'으로 지칭하는 것과 '나'로 지칭하는 것은 동서양 의사소통의 문화차이라 할 수 있다. 우리는 어려서 부모님이 차려준 아침밥을 먹고 학교에 다녔다. 부모님이 자식이 공부하는 데 도움을 주기 위해 손수 영

서양(左)의 인사이드 관점과 동양(右)의 아웃사이더 관점
출처: EBS 다큐프라임, 동과서 2편

양가 있는 음식을 준비해 주시는 것이다. 아침밥을 부모의 입장에서 바라본 것이다. 어려서부터 이러한 환경에서 자란 동양인은 주변의 관계를 더 많이 생각하고 주변 사람의 눈치를 많이 보게 된다. 그래서 상대가 원하는 것을 미리 배려해서 준비하고 행동하는 습성이 몸에 배이게 된다. 서양의 아이들은 아침에 여러 종류의 시리얼 중 본인이 선택한다. 이와 같이 자신의 선택이 가장 중요하다는 것을 어려서부터 배우고 자랐기 때문에 세상을 바라볼 때 자신이 세상의 중심이 된다. 그래서 자기중심적으로 세상을 바라보고 판단하며, 자신이 보고 있는 것이 진리이고 진실이라고 인식한다. 자기중심적인 서양인에게 '본다'는 기능은 매우 중요하다. 내가 관찰자가 되어 사물을 바라보고 세상을 바라보는 것이다. 나는 바라보는 대상과 분리된 상태로 관찰의 주체가 된다. 이는 공간을 바라보고 이해하는 방식에도 적용된다. 그러나 동양인들은 정반대의 개념으로 세상을 바라본다. 동양에서는 내가 관찰자가 아닌 관찰대상이 되어 대상에 비춰진 모습을 바라본다. 동양화를 보면 있는 그대로를 그리지 않는다. 대상과 나를 물아일체 物我一體시키고 대상을 마음속에 담아 둔다. 그리고 마음으로 느끼는 대상을 그리는 것이다.

이처럼 서양은 대상을 외형적 기준으로 바라보고, 동양은 내가 대상과 하나가 되어 마음으로 바라본다. 서양은 대상을 관찰하여 이해하고, 동양은 대상과 일치하여 이해한다. 서양이 자연을 정복의 대상으로 본다면 동양은 자연을 자신과 하나되는 합일의 공간으로 본다. 동양은 자연의 변화에 따라 무위無爲와 무형無形을 중시하여 자연의 변화를 수용하고 자연과 더불어 사는 삶을 선택한다. 그러나 서양에서는 자연을 장악하고 그 속에 유형적인 것과 표상을 중시하였다. 이러한 인식의 차이는 건축에도 드러나 서양이 절대적인 형태로 본 것에 반해 동양은 인간과 자연 간의 중재환경으로 보았다. 이렇게 동양은 대상과 '일치되는 것'을 지향하였다면, 서양은 관찰과 분석을 통해 내상을 정확하게 '보는 것'을 지향하였다.

■ 서로 다른 공간감성

공간 바라보기

공간을 바라볼 때 서양은 '눈으로 보는' 가치를 중시하였고, 동양은 '몸으로 느끼는' 가치를 중시하였다. 동양은 몸 전체의 느낌에 따라 가치판단을 하고 주변환경을 이해하였다. 그러나 현대를 사는 우리들은 눈으로 이해하는 건축에는 익숙하지만 몸으로 느끼는 건축에는 상대적으로 익숙하지 않다. 근대로 넘어오면서 우리의 공간경험이 서양의 건축양식에 익숙해져 있기 때문이다.

　서양건축은 바라보는 사람의 시각적 감상이 중요하다. 이를 위해 고대로부터 아름다

서양 시각적 비례미가 드러나는 파르테논 신전. 주변 환경에서 우뚝 솟아 있다. 출처: http://britton.disted.camosun.bc.ca/

동양 자연 속에 들어가 자연의 일부가 된 담양 소쇄원. 천지인이 일체가 되어 공간을 체험한다.

운 비례를 찾아내는 일이 핵심이었고 따라서 건물의 입면, 창과 문의 비례를 부각시켰다. 즉, 비례를 통해 눈으로 보는 아름다움과 시각적인 볼거리를 추구하는 형彫의 문제가 중요하다는 것이다. 이처럼 서양건축은 시각적인 형태에 집착해 왔다. 피라미드가 그러하였고, 그리스와 로마의 신전이 그러하였고, 중세의 성당이 그러하였다. 물론 각 건물의 평면이나 입면의 형태는 다르지만 여기에는 공통적으로 기본적인 규칙과 비례가 있다. 그리하여 클래식이라는 말에는 늘 강한 규범이 떠오른다.

동양건축은 인간과 건물과 자연이 하나가 되어 인간의 입장과 건물의 입장에서 생각하고 체험한다. 또 주체와 객체가 상호교감하며 합일적 느낌을 지향함으로써 주객의 구별이 없다. 즉, 자연에 따라 변화하고 이를 체험할 수 있는 비가시적 내용으로 공간을 바라본다는 것이다. 인간의 경험은 온몸으로 하는 삶의 체험이므로 시각적 경험은 그 일부분에 지나지 않는다. 눈은 볼거리를 찾지만 몸은 있을 거리를 찾는다. 평면이나 공간의 배치에 있어 일정한 규범에 의한 형태를 지향하는 것이 아니라, 주어진 여건에 따라 다른 해석을 하면서 칸수와 공간을 조정해 왔다. 모두 석조 기단에 나무뼈대, 지붕을 가지고 있으나 건물은 필요에 따라 또 상황에 따라 형태를 변화시키고 있다. 집을 지을 때 형태적 비례를 무시한다는 의미는 아니다. 외형적 비례를 추구하긴 하지만 이는 시각적 감상을 위한 도구가 아니라 감응을 주기 위한 도구인 것이다. 형태와 공간은 눈에 보이지만 감응은 경험과 체험을 통해서만 알게 된다. 동양건축의 아름다움은 나와 공간의 상호교감을 통해 하나가 되어 가는 과정에서 느끼게 되는 것이다.

> 건축은 감응이다. 땅이 침묵 속에서 은근한 속삭임으로 말을 건네 오면,
> 건축가가 하는 일은 땅이 주는 감응에 따라 땅이 원하는 건축과 건축주
> 가 원하는 건축 사이를 조율하는 것이다.
>
> — 건축가 정기용 —

동서양은 모두 휴먼스케일을 사용한다. 그러나 그 사용방법은 달랐다. 서양은 인체의 비례를 척도의 규범으로 사용하였다. 서양 고전 건축의 기둥인 도리아나 이오니아 양식도, 뒤러의 인체 비례도 휴먼스케일을 기본 척도로 사용하고 있다. 이 비례는 건물

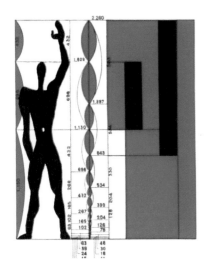

르꼬르뷔제의 모듈러(1984) 건물의 평면과 입면에서 하나의 법칙으로 사용되었다.

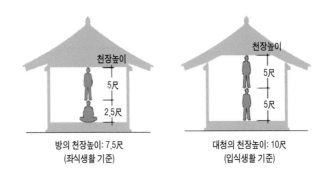

천장높이

5尺

2.5尺

방의 천장높이: 7.5尺
(좌식생활 기준)

천장높이

5尺

5尺

대청의 천장높이: 10尺
(입식생활 기준)

한옥은 인체치수를 근본으로 설계되었다(대한주택공사 공동주택한옥디자인). 방의 천장은 좌식생활을 기준으로 설계되었고 대청의 천장은 입식생활을 기준으로 설계되었다.

의 평면과 입면에서 하나의 법칙으로 사용된다. 한국의 전통한옥도 인체를 기준으로 삼았다. 창호의 머름대는 좌식생활에서 겨드랑이 아래에 걸칠 수 있는 높이였고, 툇마루는 무릎을 굽히고 걸터앉으면 알맞은 높이로 마당에 서 있는 사람과 유사한 높이이다. 툇마루에 앉아 방에 있는 사람과 대화를 나누고 방에 앉아 마당에 서 있는 사람과 대화를 나눌 수 있다. 휴먼스케일을 체험적 대상으로 보았다는 것이다. 똑같이 인간 척도를 사용하였지만 서양은 시각적 형태로 사용하고 동양은 체험으로 느끼도록 사용하였다.

서양은 동양에 비해 객관적이고 합리적이며 보편적이다. 서양의 합리성 추구는 대상을 판단하는 전체적인 특성이다. 원인과 결과를 명확히 하기 위해 기능이 필요하였고, 기능은 비례와 마찬가지로 대상을 판단하는 기준이 되었다. 기능은 '쓸모 있음'이며 무용無用과 무기능無技能은 인정되지 않았다. 그러나 동양은 용用의 공간뿐 아니라 무용의 공간도 필요하다. 장자는 "사람들은 모두 쓸모 있는 것의 쓸모를 알아도 쓸모없는 것의 쓸모는 모른다. 쓸모없음을 알고 나서 비로소 쓸모 있는 것을 말할 수 있다."라고 하였다. 무용과 용이 섞여 하나가 됨으로써 어디까지가 무용의 공간이고 용의 공간인지 구별이 안 된다. 한옥의 마당도 이에 해당된다. 마당은 외부공간이지만 잔치가 있을 때는 손님접대 장소가 되고 집안일을 하는 장소이며, 아이의 놀이터가 되기도 한다. 마찬가지로 안방이 침실도 되고 거실도 되고 식당도 되고 응접실이 되는 것은 이 때문이다. 기능이 없는 것은 아니되 기능이 공간의 형태를 결정하는 법칙이 되는 것도 아닌 것이다. 한옥의 다락을 생각해 보자. 처음부터 집을 지을 때 다락이라는 공간을 생각하고 짓지 않았다. 온돌로 인해 안방과 부엌에 단차이가 생겨났고, 부엌 상부의 무용의 공간을 다락으로 만듦으로써 용의 공간으로 변하였다.

공간 나누기

'아기돼지 삼형제'라는 동화를 보면 서로 다른 재료로 집을 짓는 내용이 나온다. 짚으로, 나무로, 벽돌로 각각 집을 짓는다. 각각 서로 다른 재료로 만든 집은 서로 다른 구조와 외관을 만든다. 우리가 집을 지을 때 재료의 차이는 건물의 형태도 다르게 만든다. 특히 건축관과 세계관이 다른 문화의 차이는 건축형태에 대한 이해방식도 달라 그 차이는 매우 크다.

우리는 흔히 서양은 돌 문화이고 동양은 나무 문화라 이야기한다. 돌과 나무만 사용했다는 것이 아니라 재료가 편중되어 있다는 말이다. 돌과 나무의 차이는 건물의 형태뿐 아니라 공간형식과 공간사용까지 다르게 나타나도록 한다. 돌은 수직으로 쌓기 쉽고 조각적 형상을 만드는 데 유리하지만 가공이 쉽지 않아 벽체가 두꺼워짐으로써 실내와 실외가 차단되고 내부의 공간도 서로 차단되어 서양의 공간은 폐쇄성이 강하다. 이에 반해 나무는 가공이 쉬워 기둥과 들보로 짜 맞추는 가구식 구조가 가능하며 수평적인 전개도 쉽다. 따라서 안과 밖이 서로 관통하며 내부공간은 서로 상호관입되는 등 동양의 공간은 개방성이 강하다.

서양에서 공간이란 움직임이 필요 없는 무형의 입방체로 명확한 기능과 형태가 주어진다. 신전이든 성당이든 처음에 지어진 형태대로 지속되기를 기대한다. 따라서 서양에서는 원형 보존이 중요하고 원래의 형태가 중요하다. 현관에서부터 방까지 시간 흐름의 과정이 있으나 이는 공간에 부수되는 시간성이다. 그러나 동양의 공간은 명확한 기능과 형태로 한정하지 않으며 주변환경에 따라 다양하게 변화한다. 각 공간들은 긴

밀하게 연결되어 독립적 개체로 나누기가 어렵다. 각 공간의 개방과 패쇄 정도, 동선의 흐름과 방향, 공기의 통합과 막힘 등이 점진적이고 전이적이어서 그 변화와 관리가 용도와 계절에 따라 융통적이다.

이처럼 동서양의 공간감성은 서로 다르다. 서양은 명확하게 공간을 구분하고 형태를 중요하게 여겼으나 동양에서는 공간구분이 모호하고 형태보다는 그 공간에서의 체험과 감응을 중요하게 여겼다. 그러나 19세기 이후 근대화 과정을 거치고 동서양의 교류가 일어나면서 서양의 건축기술과 설계를 그대로 받아들여 목구조 공간의 개방성과 상호관입적 특성을 잊어버리고 폐쇄적이고 독립적인 내부공간에 살게 되었다는 것이다. 집에서의 경험을 떠올려 보자. 방에, 거실에, 부엌에 여러분의 이야기가 녹아 있는가? 외형의 화려함이나 면적의 크기가 아닌 우리의 이야기로 채워지는 공간은 어떤 것일까?

참고문헌

김명진(2008). EBS 다큐멘터리 동과서: 동양인과 서양인은 왜 사고방식이 다를까. 서울: 예담.

김성우(2003). 동서양 건축에서의 형태와 의미. **건축역사연구, 12**(4), 27-47.

김성우(2003). 동서양 건축에서의 공간과 시간. **건축역사연구, 13**(3), 97-116.

김성우(2004). 시각과 감응: 동서양 건축에서의 경험의 문제. **건축역사연구, 13**(4), 35-54.

김성우(2005). 비례와 기운: 동서양 건축에서의 심미성. **건축역사연구, 14**(2), 103-142.

리처드 니스벳 저, 최인철 역(2004). **생각의 지도: 동양과 서양, 세상을 바라보는 서로 다른 시선.** 서울: 김영사.

발렌틴 그뢰브너 저, 김희상 역(2005). **너는 누구냐.** 서울: 청년사.

임석재(2011). **우리건축 서양건축 함께 읽기.** 서울: 컬처그라퍼.

Yang Liu(2007). *Ost trifft West.* Mainz(Gebundene Ausgabe).

http://www.yangliudesign.com/

Part | two

감성으로 담아내다,
주거생활공간

Chapter 4

전통의 공간, 한옥

한옥에서 살고 싶다는 사람들이 많아졌다. 이는 전통에 대한 향수인지 색다름을 추구하는 현대인의 일시적 현상인지 알 수 없으나 한옥을 재조명한다는 점에서 긍정적이다. 그렇다면 우리는 한옥에 대하여 얼마나 알고 있을까? 한옥하면 오래된 집, 우리의 조상들이 살았던 집, 낡고 불편한 집이라고 생각하는 이들도 있을 것이다. '한옥'이란 말을 국어사전에서 살펴보면 '우리나라 고유의 형식으로 지은 집을 양식건물에 상대하여 이르는 말'이라고 정의하고 있다. 한복, 한식, 한옥, 한글은 한국의 의식주와 문자를 말한다. 한옥은 단순히 과거에 살았던 물리적 측면에서의 가옥만은 아니다. 우리의 삶 속에서 우리의 문화를 대변하고 있다. 200년 전통의 종갓집이라고 불리는 한옥들은 가옥뿐 아니라 가풍과 문화까지 포함한다. 한옥에서 살던 경험이 있는 사람들은 한옥을 쉽게 이해하지만 아파트에 살고 있는 요즈음 젊은 이들에게는 박물관에서 구경하는 구시대의 유물일 따름이다. 잠시 잊고 있던 한옥의 감성을 살펴보자.

■ 한옥의 감성

한옥, 자연과 하나되다

한옥은 자연에 순응하는 친자연적 특성을 가지고 있다. 자연 속에서 자연의 체취를 직접 느끼고 은유적으로 자연을 받아들인다. 자연을 지배하기보다는 자연 속에 들어가 더불어 함께 하는 삶을 살았다. 한옥에 나타난 친자연 경향은 자연재료의 사용, 자연원리의 모방, 자연과의 일체감으로 요약할 수 있다. 집을 지을 때 주위환경 요소와 어울리도록 지세에 맞는 형태로 집을 지었고 자연에서 나오는 재료를 사용하였다. 우리주변에 널려 있는 나무와 흙을 있는 그대로 사용하고 인공적인 기교나 장식을 피한 채 구조적 아름다움을 표현하였다. 그리고 바람, 들, 풀 그리고 하늘까지 포함한 모든 자연요소를 집안으로 끌어들였다.

집이라는 것이 비바람을 막아 주고 편히 쉴 공간을 제공하는 것이므로 최소한의 안팎 구별은 필수적이나 한옥은 꼭 필요한 경우를 제외하고는 구분하지 않았다. 안과 밖의 구분이 모호하여 공간을 구분하지 않았고 가급적 밖과 소통하려 하였다. 마당이 그러하고 대청이 그러하다. 대청에 앉아 휴식을 취하면 앞으로는 안마당과 마주하고 뒤로는 뒷마당과 연결되어 있다. 뒷마당은 담장 넘어 보이는 산봉우리와 나무들이 마치 병풍을 펼친 것 같다. 사방이 뚫려 있어 가족과의 의사소통이 가능하고 공간의 단절 없이 외부와 연결되어 있다. 한옥은 자연을 집안으로 끌어들여 함께하는 즐거움을 누렸다. 때로는 자연 속에 들어가 산 좋고 물 좋은 곳에 정자를 지어 풍류를 즐겼다. 또한 자연과 하나되기 위하여 집안에 누각을 들였고, 들어열개문을 달아 자연과 하나가 되었다.

십년을 경영經營하여 초려삼간草廬三間 지여 내니
나 한 간 달 한 간에 청풍淸風 한 간 맛져두고
강산江山은 들일 듸 업스니 들러 두고 보리라.
                                    － 송순 －

위 시를 보면 우리 선조들의 자연친화 사상이 잘 드러난다. 자연에 은거하는 청빈한 생활 속에서 자연에게 방 한 칸 내어 줄 수 있는 여유가 있다. 이처럼 안팎의 경계를 허물어 외부와 어울리며 사니 집이 넓을 필요도, 화려하게 장식할 필요도 없다. 자연은 안방에 둘러 친 병풍과 같고 자연은 나와 하나인 물아일체物我一體이다. 바람 한 줄기, 햇빛 한 가닥에 만족하며 물욕과 소유욕도 과감히 버렸다.

현실을 살고 있는 우리는 벽으로 경계를 세워 내외를 구분하고 면적을 늘려 재산을 증식시킨다. 좀 더 넓은 공간, 기능적이고 합리적인 공간을 외친다. 화려하게 치장하여 자신의 재산을 과시하고 싶어진다. 이렇게 하기 위해 꽁꽁 걸어 잠가야 했다. 나만의 공간이 아닌 자연과 이웃과 더불어 함께 사는, 조금은 열린 공간을 만들어 보는 것은 우리의 심성을 달리 만들어 줄 것이다.

한옥, 오감을 담다

한옥의 감성은 청각, 시각, 촉각, 후각 등 오감을 담고 있다. 창호지에 비치는 달빛을 본 적이 있는가? 이때 바람소리라도 들린다면 더 구슬프게 느껴질 것이다. 우리의 옛 선조들은 이러한 한옥의 감성을 시로 표현하였다. 창문에 비치는 은은한 달빛, 그리고 발자국 소리는 한옥에서 연상되는 시적 표현이다.

설월雪月이 만창滿窓한데 바람아 불지 마라.
예리성曳履聲 아닌 줄을 판연判然히 알건마는
그립고 아쉬운 적이면 행여 긘가 하노라
                                    － 작자미상 －

예리성曳履聲이라는 단어는 발자국소리로 마당의 백사토와 관련이 있다. 한옥의 안마당은 화초나 잔디를 심지 않고 백사토는(마사토)를 깔아 햇빛을 반사하게 하여 집안 전체를 밝게 만든다. 마사토는 모래처럼 입자가 굵어 그 위를 걸으면 소리가 난다. 시인과 소설가는 그런 경험을 바탕으로 기다림의 그리움을 표현하였다.

또 다른 소리로는 빗소리를 들 수 있다. 비가 만들어내는 다양한 소리들은 처마가 있는 집이어야 한다. 처마 끝에 떨어지는 빗소리와 비가 그쳐갈 무렵 한 방울씩 떨어지며 이어지는 낙숫물 소리까지, 비와 처마가 어우러져 만들어 내는 정경은 비오는 풍경과 함께 여유를 준다. 이런 풍경은 툇마루에 앉아서, 혹은 머름대에 턱을 괴고 보는 것이 운치가 있다. 마당 흙바닥에 떨어진 낙숫물 자국은 시각적 감성까지 자극한다. 한옥의 시각적인 감성으로는 장독대에 소복히 내린 눈과 처마 끝에 달려 있는 고드름, 저녁에 굴뚝으로 피어오르는 연기가 나즈막히 깔린 마을, 부드러운 곡선으로 옹기종기 모여 있는 마을의 전경 등 수없이 많다. 지금은 사라진 초가의 부드러운 곡선은 완만한 뒷산을 닮아 있다.

우리가 좌식생활을 하는 이유는 무엇일까? 바로 온돌의 따스함이 가장 큰 이유일 것이다. 온돌은 바닥이 따스하기 때문에 발바닥에 닿는 감촉이 매우 좋다. 바닥에 앉는 것이 편안하게 느껴진다. 온돌은 가족 간의 유대관계를 높이는 데도 한 몫을 했고 윗목과 아랫목의 온도 차이는 방안에서도 상석과 하석을 구별하게 하였다. 추운 겨울 가족

지금도 빗소리가 들리는 듯하다. 청각적 감성이 그립다.

남산한옥마을 처마에 매달린 고드름이 시각적 감성을 불러일으킨다.

끼리 아랫목에 모여 이불을 덮고 얼굴을 마주보며 대화를 나누는 풍경은 가족의 유대
감에 필수적이었다.

대청의 나무는 피부와 비슷한 질감으로 따스함을 준다. 나무는 자외선을 흡수한다.
따라서 휴식을 취하는 공간에 나무를 사용하면 가장 이상적이다. 특히 무더운 여름에
쾌적함을 주기 위해서는 습기를 제거하고 바람이 통하는 뜬구조가 좋다. 대청이 그러
하다. 시원하게 열린 전면구조와 바닥의 뜬구조는 피부로 시원함과 쾌적함을 느낄 수
있다.

한옥의 빛이 주는 심상은 아늑하고 따뜻하며 부드러워 안정감을 준다. 마당의 마사
토로 만들어진 반사광은 밝기가 일정하여 실내를 부드럽게 만든다. 직사광을 차단하는
긴 처마, 마당에서 올라오는 간접광, 한지가 주는 질감과 색감은 부드럽고 따뜻하다.
또한 비워진 마당에 드리워진 빛의 그림자는 변화하는 조형미를 나타낸다.

강릉 칠사당 한옥의 빛은 부드러움과 안락함을 준다. 자연의 단순한 물리적 조건인 햇빛은 햇볕이라는 감성체로
발전한다.

한옥, 소통하다

한옥은 천지인天地人이 하나이고 성과 속이 함께 어우러진 소통이 잘되는 집이다.

■ 자연과 소통하다

한옥은 자연과의 소통이 쉽다. 집터를 잡기 시작할 때부터 주변환경을 생각한다. 완만한 동산이 집중된 곳이나 들판의 햇빛이 잘 드는 곳에 터를 잡아 주변지형에 맞게 지었다. 전통한옥의 경우 똑같은 집이 없다. 자연환경에 따라 사는 사람에 따라 한옥은 달라진다. 한옥의 뼈대식 구조는 창을 내기 쉽다. 이 창을 통해 방안에서도 계절의 변화를 몸소 체험할 수 있다. 문은 사람이 다니는 곳이고 창은 바람과 햇살이 다니는 곳으로 창을 통해 자연과 소통한다. 창은 액자가 되고 산은 그림이 된다. 마루에 앉으면 앞산이 한 눈에 들어오고 집이 액자가 된다. '차경'이다. 군이 집 안을 꾸미지 않았던 이유는 주변의 경치가 내 것이기 때문이다. 소유해서 벽에 거는 그림과는 달리 자연을 빌려 와 살았다. 계절에 따라 시간에 따라 날씨에 따라 그날의 마음에 따라 집은 늘 살아 있는 풍경화다. 한옥은 인간과 자연의 경계가 모호하다. 경계가 모호함으로써 소통이 원활하게 이루어진다. 야트막한 담장과 마당, 대청, 창호 등 모호한 경계로 인하여 적극적으로 자연과 소통하고 있다. 내외부의 방들은 그 흐름을 자연스럽게 따라가며 빛과 바람 같은 자연의 요소들이 지나가는 흔적을 담는다.

■ 신과 소통하다

한옥은 신과 함께 산다. 신의 존재는 집안에서 이루어지는 안택고사와 집 짓는 과정에서 치러지는 고사에서 살펴볼 수 있다. 집터를 잡을 때 텃고사, 모탕고사, 기둥을 세울 때 입주고사, 대들보를 올릴 때 상량식 등 집을 짓는 과정과정마다 신에게 고사를 지낸다. 이와 같은 의식은 건물이 완공될 때까지 무사고를 기원하며 집에 불이 나지 않고 잡귀가 들지 못하게 하기 위함이다. 한옥에는 마당과 마루, 안방, 부엌, 창고, 측간 등 집 곳곳에 가신이 있어 집을 지켜준다고 믿었다.

집, 토지, 집안의 사람과 재물을 보호하는 가신을 섬겨 우리의 어머니들은 장독대 위에 정화수를 떠 놓고 두 손 모아 빌었다. 가신에 대한 고사는 집안에 우환이 있거나 특별한 행사가 있을 때 비정기적으로 행하였다. 현재의 공간에도 신과 소통하는 공간이 있다면 우리가 감정이 극한에 달할 때 통제가 되지 않을까?

■ 사람과 소통하다

한옥은 내 마음에 따라 움직인다. 벽장, 다락, 부엌, 장독대 등 한옥의 곳곳은 기능적일 뿐만 아니라 감성을 일깨운다. 벽장은 붙박이장의 원조로 잡동사니를 모두 넣고 문만 닫으면 군더더기 없이 깔끔하다. 또한 할머니의 보물들이 숨겨져 있는 장소이며 숨바꼭질의 장소이기도 하다. 가족 간의 추억을 만드는 장소가 된다. 부엌은 시집살이의 설움을 해소하던 곳이다. 마음의 상처를 입은 며느리는 아궁이에 쪼그리고 앉아 고달픔을 달래며 분을 삼키는 장소이다. 지금은 사라진 장독대를 기억하는가? 장맛을 보면 그 집 음식 맛을 알 수 있고 장독대를 보면 그 집 주부의 살림솜씨를 알 수 있다고 했다. 장독대는 그만큼 우리에게 중요한 장소이고 어머니가 가족을 위해 기도하던 곳이기도 하다. 가문의 문화가 있고 가족과 소통하고자 했던 어머니의 마음이 깃든 장소이다. 다락은 주로 수납공간으로 사용하고 있지만 자신을 되돌아볼 수 있는 장소가 되기도 한다. 부모에게 혼났을 때, 부부싸움을 했을 때, 조용히 나를 돌아볼 수 있는 장소가 다락이다.

할아버지 할머니의 보물창고 벽장 집안의 추억이 있는 곳이다.

집안의 음식을 책임지는 장독 어머니의 정성이 담겨 있다.

■ 사회와 소통하다

한옥은 남의 집과 다른 방을 들어갈 때 의도적인 차단장치를 만들었다. 담장과 대문, 문으로 이어진 의도적인 차단장치는 문 앞에서 인기척을 내어 들어오라는 승낙이 떨어졌을 때 비로소 들어가게 된다. 이러한 구도는 의식적일 뿐 실제로는 모두 서로 통하는 구조였다. 담장은 외부시선과 발길의 차단이라는 담장 본래의 기능보다도 돌과 흙으로 선을 그려 내외부의 경계만 알려 준다. 담장은 낮아 밖에서 집안이 들여다보인다. 시선을 막기 보다는 들여다보기 쉽게 쌓았다. 담장이 높으면 마당을 들여다 볼 수 있도록 살창을 넣기도 하였다. 이렇게 낮은 담장은 이웃 간의 소통이 용이하다. 낮은 담장은 도둑의 침입을 예방할 수 있다. 이는 시선을 개방시켜 이웃이 CCTV 역할을 하기 때문이다. 낮은 담장은 이웃사람과 이야기를 나눌 수 있는 소통하는 공간이 된다.

한옥, 비우다

한옥은 비울수록 채워지는 묘한 집이다. 동양적인 여백과 비어 있는 공간은 단순한 비움이 아니라 새로운 쓰임을 준다. 또한 한옥은 자연의 공간을 인간의 공간으로 연결해 주는 건물이다. 형태의 완성이 아닌 공간의 완성을 이루는 건물이다. 공간에서의 비움은 무위, 무형, 무용의 3무사상인 '비워야 진정한 쓸모가 생긴다'는 노장사상과 일치한다. 공간을 꾸미려 하지 말고, 공간의 외형이나 쓰임새에 집착하지 말라는 것이다. 무엇인가를 잘해야 하고 형태를 잘 만들어야 하며 확실한 쓰임새를 제시해야만 성공한 사람이고 좋은 집이라는 사회적 상식을 뒤집는 개념이다.

비움의 대표가 한옥의 마당이다. 마당은 가운데가 비어 있는 네모나게 둘러싸인 구성으로 비어 있는 것 같지만 채움의 공간이다. 물질로 채우지 않고 무형으로 채운다. 빈 마당은 지붕 처마 선이 내려놓는 그림자로 채우고, 햇빛과 바람으로 채운다. 바람길을 내어주는 환경조절의 이유도 있지만 장경을 즐기려는 감성적 이유도 있다. 햇빛을 받은 빈 마당은 집안 구석구석, 대청과 방안 가득히 빛을 전달한다. 또한 비워둔 마당은 방과 방 사이의 관계를 다양하고 풍요롭게 만들어 준다. 이쪽 방에서 보면 밖에 마당이 있고 그 건너편에 다시 다른 채와 방이 있게 된다. 건너편 채와 방 너머에 다시 마당이 한 겹 더 있으며 그 바깥쪽으로 채와 방이 또 나오기도 한다. 한옥 특유의 공간적 특징이다. 마당을 비웠기 때문에 겹 구성의 공간적 특징이 온전히 드러나면서 그 효과가 살아날 수 있다. 이러한 공간 속에서는 다른 식구들과 다양한 관계 맺기가 가능하다. 마당의 적당한 거리가 건너편 방과 소통하고 싶은 마음을 불러일으킨다. 시각적으로 적절히 닫히면 바깥에 대한 호기심과 관심을 불러일으키기 때문에 마당이 만들어 주는 소통과 교류의 가능성을 강화해 준다.

한옥의 방도 비어 있다. 방의 비움은 마당과는 다르다. 방의 비움은 마당이 비어 있음으로 해서 비로소 비워질 수 있다. 마당이 있어야 방들은 보상을 받는다. 창문을 열면 넓은 마당으로 확장되어 방은 더 넓어진다. 방에는 특정한 공간의 기능을 담지 않는다. 상황에 따라 시간에 따라 공간의 쓰임은 달라진다. 물건과 가구로 꽉 차 있다면 방의 전용성轉用性은 사라진다. 비움으로써 채울 수 있는 것이다. 물건을 쌓아놓고 과시하는 집이 아니라 비워두고 유유자적하는 집이다. 약간의 불편함을 감수하고 눈에 보이

윤증고택 비어 있는 마당은 처마의 그림자로 채워졌다. 이 빈 공간은 집안의 다양한 생활들로 채워진다.

는 소유욕과 욕심을 덜어낸다면 한옥에서의 삶은 풍요로울 수 있다.

■ 한옥의 진화

19세기 말 조선은 사상적·정치적·산업적 근대화 과정에 실패하여 식민화를 경험하였다. 이 시기에 나타난 근대한옥은 현관을 설치하거나 방 사이의 연결을 위해 툇마루와 방의 쓰임새를 변경하기 시작하였다. 이때 도시 집중화로 인한 주택난을 해결하고자 상품화된 도시한옥이 나타났다. 근대한옥의 한 종류이나 표준화된 평면, 대량생산, 과장된 장식사용 등이 특징이라 할 수 있다. 도심 속에 들어온 한옥은 좁은 터를 효율적으로 사용하고자 칸수를 줄였고 이는 1920년대 중반부터 보급되기 시작하여 1960년대까지 계속되었다. 그러나 1960년대 이후로 도시한옥조차 사라지고 한옥은 암흑기를 겪게 된다. 겨우 2000년대 들어서면서 기존의 한옥 밀집지역을 보존하는 방편으로 서울의 북촌과 전주에서 한옥 붐이 일기 시작하였고 대규모 한옥단지가 개발되기도 하였다. 이를 현대한옥운동이라 일컫곤 한다. 이제 도시한옥은 현대의 생활방식에 맞게 생활한옥으로 새롭게 탄생되고 있다. 한옥이 춥고 불편하다는 인식은 현대적 재료와 전기 및 기계 설비를 수용함으로서 원천적 문제에서 벗어나고 있다. 그러나 현재 리모델

삼청동 한옥 한옥의 구조와 현대적 기능이 조화되었다.

삼청동 한옥 지붕을 제외하고는 한옥임을 알 수 없게 변형되었다.

링되고 있는 도시한옥은 규모가 협소하여 이를 해결하는 과정에서 형태나 재료, 공간 구성, 배치 등이 왜곡되고 변형되기도 하였다.

도시한옥의 리모델링으로 시작한 한옥운동은 이제 건축가들에 의해 현대한옥으로 진화하고 있고 호텔, 전시관, 공공건물 등으로 확대되어 가고 있다. 현대한옥은 단열. 방음 등 건물의 필수 기능을 수행하면서 한옥의 멋을 느낄 수 있도록 설계되고 있다. 현대한옥은 꼭 한옥구조만 고집할 필요는 없다. 철근콘크리트나 다른 목구조 구법을 결합하여 새롭게 태어날 수도 있다. 2층 한옥으로 새롭게 탄생할 수도 있으며, 기존 주택에 새로운 방법으로 리모델링할 수도 있다. 그러나 한옥이 가지는 감성을 담아내야 함에는 변함이 없다.

라궁은 전통 한옥으로 현대적인 기능을 담고 있다. 과거를 체험하는 곳이 아니라 현재에 맞게 과거를 재해석, 새롭게 진화하였다. 입구 관리동은 2층 규모의 요사체와 높은 회랑으로 결합하였고, 숙박동은 궁이나 절의 회랑과 도시한옥 유형을 결합하였다. 중정을 지나면 회랑으로 연결된 크고 조용한 안마당을 만나고, 회랑에서 마당, 마당에서 객실, 객실에서 누마루, 누마루에서 바깥의 자연과 만난다. 한옥을 분산하지 않고 집합하여 다양한 마당과 전통적 공간을 만나도록 하였다. 그러나 객실은 국적불명의 화려함으로 한옥의 단아함을 느낄 수 없고 마당이나 누마루에 설치된 료칸은 통일성을 갖추지 못하여 공간감성을 반감시킨다.

한옥호텔 라궁의 관리동 중정 안마당을 연상할 수 있다.

객실 웅장한 침대와 화려한 금장식은 한옥의 감성을 빼앗아 버렸다.

2010년 베니스 비엔날레 한국관은 외국에 지어진 현대 한옥이다. 꼭 기와지붕이 있고 목구조로 구축되어야 한옥인 것은 아니다. 한옥의 성격을 지닌 공간이라면 현대를 사는 이 시대의 한옥이다. 철골로 만든 현대 건축물에 한국형 정자를 삽입하여 현대와 전통이 어우러진다. 유리창을 활용해 실내 공간에 자연광을 확보하였고, 들어열개문을 두어 주변의 숲과 바다를 끌어들였다. 이곳은 외국인들에게 한옥을 체험하게 하고 한옥의 조형미와 공간의 아름다움을 느끼게 하는 공간이 되었다.

예올 한실은 200평 정도의 큰집에 부속된 작은 다실이다. 철근콘크리트 구조의 모던한 주택 외부에 면한 작은방을 한옥 다실로 계획하였다. 현대와 전통, 큰 공간과 작은 공간 등 갑작스러운 다른 세계와의 만남에서 전이공간의 역할을 하는 복도를 두고 이를 지나서 한실로 들어가도록 하였다. 단순한 한실이 아니라 누마루를 덧붙여 방과 마루라는 전통공간의 기본 요소를 함께 두었다. 이 작은 한실은 한옥의 감성을 제공하고 있다. 마치 깊은 산 바위 속에 숨어 있는 작은 암자를 보는 듯하다. 빌딩숲에 숨어 있는 한옥은 어디에 있을까?

2010년 베니스 비엔날레 한국관. 기와지붕도 아니고 골조만 있는 한옥이지만 외국인도 한옥의 감성을 느끼며 체험하는 공간이 되었다. 출처: http://www.korean-pavilion.or.kr/10pavilion/

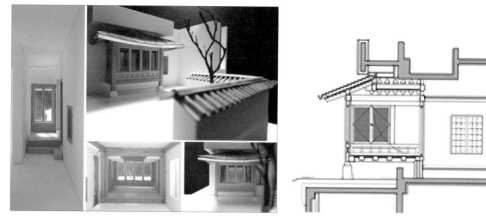

분당의 Y 한실. 현대식 건물에 한식목구조를 덧붙였다. 그곳에서 우리는 옛 향수에 취한다.
출처: http://www.guga.co.kr/ 구가도시건축연구소

참고문헌

강영환(1995). **집의 사회화**. 서울: 웅진출판.

건축도시공간연구소(2011). auriM, 03. 안양: 건축도시공간연구소.

건축도시공간연구소(2011). auriM, 05. 안양: 건축도시공간연구소.

새로운 한옥을 위한 건축인 모임(2007). **한옥에 살어리랏다**. 파주: 돌베개.

서유구 지음, 안대회 엮어 옮김(2005). **산수간에 집을 짓고**. 파주: 돌베개.

서윤영(1999). **집宇집宙**. 서울: 궁리.

이상현(2007). **즐거운 한옥읽기 즐거운 한옥 짓기**. 서울: 그물코.

최성호(2004). **한옥으로 다시 읽는 집이야기**. 도서출판 전우출판사 · 월간 전원라이프.

한국고문서학회(2006). **의식주, 살아 있는 조선의 풍경**. 역사비평사.

tv 희망특강 오아시스 한옥 인문학으로 말하다. 이상현.

http://navercast.naver.com/(네이버캐스터 한옥미학)

Chapter 5

기능의 공간, 아파트

공급하기에 바빠 기계로 찍어 내듯이 양산되던 아파트는 최근 거주자의 요구뿐 아니라 취향, 가치, 심미성을 담은 감성 아파트를 선보이면서 빠르게 변화하고 있다. 기존의 획일화된 평면에서 거주자의 변화된 라이프스타일과 요구에 부응하는 새로운 평면들이 개발되고 있으며 나만의 공간을 배려하는 등 거주자의 만족에 초점을 맞추고 있다. 아파트는 이제 몸과 마음을 돌보는 공간으로, 거주자가 감동하는 감성공간으로 변화하고 있는 것이다. 이러한 변화의 시발점에 서 있는 지금, 우리나라 주택의 절반이상을 차지하는 아파트의 불편한 진실에 대해 생각해 보고 향후 추구해야 할 거주자의 감성을 담아내는 공간으로서의 아파트는 어떠해야 하는지 알아보자.

05 | 기능의 공간, 아파트

■ 아파트, 그 불편한 진실

아파트 공화국

불과 얼마 전까지만 해도 아파트 분양권을 사기 위해 많은 사람들이 몰려 장사진을 이루는 진풍경이 벌어지곤 했었다. 실제 지어지지도 않은 아파트를 많은 돈까지 미리 내면서 기다리는 것이다. 이는 어렵게 추첨 받은 분양권이 웃돈까지 얹어 팔 수 있는 재산증식의 수단이었기 때문이었다. 유독 우리나라에서 이러한 현상이 벌어진 이유를 보면 유럽에서는 아파트가 본디 저소득층을 위한 임대용 도시주거로 시작되어―로마의 인슐라insula는 1층에 상점이 있고 2, 3층에 주택이 있는 일종의 주상복합 건물로 아파트의 시작으로 본다―국가 주도하에 저소득층을 위한 임대용으로 싼값에 공급된 반면, 우리나라에서는 아파트의 도입에서부터 중산층을 겨냥한 분양 위주였기 때문이다.

최초의 단지형 마포아파트 1963년. 출처: 동아일보, 2002. 11. 27.

빽빽이 들어선 고층 아파트 단지. 출처: 조선일보, 2008. 1. 21.

그래서인지 우리나라에서 아파트는 '넉넉함, 안전, 관리가 잘 됨, 중산층'의 이미지가 강한 반면 프랑스에서는 '아파트' 하면 교외의 빈민가를 떠올리고, 일본에서는 욕조시설조차 없는 원룸을 떠올리는 것과는 대조적이다.

그러나 우리나라의 아파트가 도시의 대표적 주거유형이 될 수 있었던 이유는 편리함과 기능을 충족시키면서도 서양식 아파트와는 다른 우리만의 토착화된 아파트 공간문화가 있었기 때문에 가능했을 것이다. 현관에 신발을 벗을 수 있는 공간이 마련되거나 온돌난방을 하는 점 등 우리의 공간적 요소를 끌어들이는 부단한 노력이 있어 왔다. 그렇기에 한국만의 독특한 아파트 문화를 만드는 것이 가능했을 것이다. 그동안 우리는 여러 가지 이유로 묻지도 따지지도 않고 아파트를 사고 그곳에서 살아 왔다. 기능과 편리함으로 무장한 아파트, 그러나 그저 편리함 속에 가려진 아파트라는 공간 속에서 우리도 모르는 사이에 자칫 식민화되고 있지 않은지 그 불편한 진실을 생각해 볼 때다.

모두가 남향을 좋아한다

우리에게 잘 알려진 김상용 시인의 "남으로 창을 내겠소."는 전원에 묻혀 사는 소박한 삶을 통해 자기 성찰과 달관을 함축적으로 표현하고 있다. 이 시의 첫머리를 보면 우리에게 얼마나 남향선호가 뿌리 깊은지를 보여 주는데, 작가는 태양빛이 잘 들어오는 양지인 남향을 향해 자연의 섭리에 순응해서 살고자 하는 삶의 태도를 보여 준다.

> 남으로 창을 내겠소./ 밭이 한참갈이 괭이로 파고/ 호미론 김을 매지요./ 구름이 꼬인다 갈 리 있소./ 새 노래는 공으로 들으라오./ 강냉이가 익걸랑 함께 와 자셔도 좋소./ 왜 사냐건 웃지요.
>
> — 김상용, 남으로 창으로 내겠소 —

풍수지리에서는 '배산임수'라 하여 주택의 뒤쪽에는 산이, 앞쪽에는 물이 흐르는 것을 좋은 입지로 꼽으며 그 주택의 방향을 남향으로 했을 때 겨울의 북풍을 산이 막아주어 따뜻하다고 한다. 이러한 의식은 대대로 이어져 현대까지 내려와 '전 세대 남향배치'나 남향에 실이 몇 개나 배치되는가를 나타내는 '3-bay형' '4-bay형'이 있는 등 아파트 배치와 평면구성에서 남향 선호는 불변의 법칙이다.

 그렇다면 우리가 남향을 선호하는 이유는 무엇일까? 실제로 남향 배치는 계절에 따른 고도 차이 때문에 여름에는 해가 얕게 들고 겨울에는 깊숙이 들어 냉난방에 유리하며 조명을 적게 사용하여 전기세를 절감하는 장점이 있다. 하지만 무엇보다도 남향 위주의 판상형 단지 배치나 가족의 주된 생활공간인 침실과 거실을 남향에 배치하는 이유는 이러한 경제적 이점뿐만 아니라 남향 선호에 대한 집단적 부의식에 기인한다. 칼 융Carl Gustav Jung은 무의식을 개인적 무의식, 집단적 무의식으로 나누고 집단적 무의식은 전혀 의식되지는 않지만 개인적 경험을 초월해 옛 조상이 경험했던 의식이 쌓인 것으로서 모든 사람들에게 공통된 정신의 바탕이며 경향을 의미한다. 전통적 남향 선호에 대한 의식적 경험은 상징을 통해 집단무의식으로 전승된 것으로 설명될 수 있다.

 남향 배치가 경제적 이점을 가지고 있고 집단적 무의식에 기인한다고 해도 다른 방향도 아름다울 수 있다는 점을 간과해서는 안 될 것이다. 동향은 아침 일찍부터 햇살이 들기 때문에 아침에 모두 출근하거나 등교하고 저녁에 돌아오는 가족에게 좋을 수 있다. 반대로 서향은 오후에 해가 들어오기 때문에 오후 시간을 여유롭게 즐길 수 있는 가족에게 좋을 수 있다. 또한 북향은 태양의 고도에 따른 일조량의 변화가 가장 적어 주로 공부를 많이 하는 학생들이나 재택근무를 하는 사람들에게 좋을 수 있다. 우리 모두가 남향을 좋아하지만 동서남북 모두가 아름다울 수 있다는 점을 기억하자.

판상형 아파트 일률적으로 모두 남향을 바라보도록 배치하였다.
출처: 연합뉴스, 2011. 8. 18.

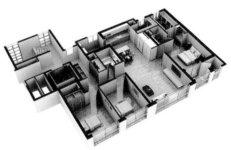

4-bay아파트 안방, 침실 2개, 거실 모두 남향에 배치되어 있다.
출처: 동아일보, 2011. 6. 15.

평수를 알면 평면이 보인다

1960년대 최초의 단지형 아파트인 마포아파트를 시작으로 지난 50여 년간 아파트는 심각한 주택부족 현상을 해소하고 부족한 토지이용을 높이기 위해 건설되었다. 그 결과 양적인 성장과 함께 이제는 국민의 절반 이상이 생활하는 대표적인 주거공간이 되었으나 획일화된 공간 구성이 문제라는 지적을 받아 왔다. 누구든 아파트 몇 평형이라는 정보만으로 어떻게 공간이 구성되는지를 쉽게 떠올릴 수 있다. 아파트 주변의 경관이나 지역적 특성은 무시되고 평형에 따른 평면만이 계획될 뿐이다. 이전 한옥이 홑집, 겹집, 우데기 등 각 지역의 기후에 따라 다양한 평면 형태를 나타낸 반면 획일화된 아파트 평면에는 지역적 특성도 지리적 특성도 존재하지 않는다. 10평대, 20평대, 30평대, 40평대, 50평대 아파트의 공간 구성을 생각해 보자. 10평대는 거실 겸 안방, 침실 2(자녀방), 부엌, 화장실, 다용도실로 구성된다. 20평대는 방 하나가 추가되며 거실과 안방이 분리된다. 30평대와 40평대, 50평대 등은 평형이 늘어날수록 방이 하나씩 추가되며 각 공간의 규모가 넓어진다. 평수를 알면 평면이 보이는 것이다.

공간의 구성을 보면, 보통 외부와 연결된 현관은 엘리베이터 홀 혹은 복도 쪽에, 안방과 거실은 남향에 위치한다. 타워형을 제외한 대부분의 아파트는 안방과 거실이 있는 전면과 그 반대편이 외기와 접하고 양 측면은 옆집과 접한 벽으로 막혀 있다. 외기에 접한 전면과 반대편에 침실과 주방이 놓이고 그 사이에 화장실이 놓임으로써 화장실이 외기에 면한 경우는 거의 없다고 해도 과언이 아니다. 또한 각 실에 접근하는 동선이 한옥이나 단독주택에 비해 짧아졌고 그만큼 공간이 서로 붙어 있어 3대가 한집에서 살기 어려운 결과를 낳았다.

이러한 아파트의 획일화된 공간형태는 우리의 주거환경을 보편화시켜 마을이나 가족단위의 공동체 해체, 개인주의의 만연 등 여러 부작용의 요인으로 작용하고 있다. 더욱 심각한 것

2007년 분양된 H사의 20평형대 아파트와 30평형대 아파트 평면
규모만 커졌을 뿐 공간구성에는 큰 변화가 없다.

은 이러한 획일화된 주거로 말미암아 우리의 주의식이나 주거문화도 획일화되고 있지 않는가 하는 점이다.

이렇듯 기존 아파트 평면이 비슷한 원인은 무엇일까? 다양한 요인이 지적될 수 있겠지만 무엇보다도 주택부족이라는 공급문제 해결을 위해 '대량 주택생산 시스템'의 효율성 논리가 건설업체의 경제논리와 결합되어 지금의 주거 획일화 문제를 초래하지 않았나 짐작할 수 있다. 또한 획일화된 이유 중 하나는 거주자의 생활패턴이 일정하다는 데에도 찾을 수 있다. 마치 닭이 먼저냐 달걀이 먼저냐의 논란처럼 획일적인 주거공간 구성에 맞추어 생활패턴이 일정해졌는지, 아니면 일정한 생활패턴에 맞추어 최적의 경제적 주거 공간형태가 제공되었는지 판단하기는 힘들다. 따라서 우리는 획일화된 아파트 공간에 적응해서 생활하고 있지는 않은지 그래서 공간 속에서 식민화되고 있지는 않은지 생각해 보아야 한다.

발코니가 사라졌다

일반적으로 아파트에서 베란다와 발코니라는 명칭은 혼용되고 있다. 발코니 balcony는 거실이나 침실외벽에서 1.5m 가량 돌출시킨 공간이며 베란다 veranda는 위층의 면적이 아래층보다 작아 아래층 지붕 위에 생긴 공간을 말한다. 따라서 아파트에서는 발코니가 정확한 용어이다. 우리나라 아파트에서 발코니는 시대별로 다르게 계획되었고 최근에는 명목상 발코니가 주어지지만 대부분 확장을 전제로 하고 있다. 즉, 70~80년대

1990년대 아파트 전면 발코니

2000년대 발코니 확장형 거실

에는 거실에만 발코니가 있었고 90년대에는 아파트 전면이 모두 발코니였으며 2000년대에는 발코니 개조의 합법화로 내부공간이 확장되면서 발코니가 점차 사라지고 있다.

90년대의 아파트 발코니는 보통 거실이나 침실, 부엌의 앞이나 뒤에 위치하고 있다. 거실 쪽의 발코니는 유아의 놀이터나 화초재배, 전망 등을 위한 공간으로, 부엌 쪽의 발코니는 식품저장과 세탁, 재활용품 수집 등에 이용되며, 침실 발코니는 빨래건조 장소로 이용되기도 한다. 즉, 발코니는 정원이 없는 아파트에서 활동의 범위와 생활공간을 확장시켜 주며 화재가 발생하면 피난처로서의 역할도 하게 된다. 발코니는 1층 출입문을 통해 바깥으로 나가지 않아도 외부와 통할 수 있는 장소이다. 영화 로미오와 줄리엣에서 발코니는 두 주인공이 사랑을 만들어 가는 데 중요한 역할을 담당한다. 줄리엣의 발코니는 로미오에게 사랑을 확인시켜 주는 장소였던 것이다.

발코니를 확장하는 것은 분명 집을 넓게 쓸 수 있다는 점에서 효율적일 수 있다. 그러나 아파트에서 발코니는 실내의 활동범위를 넓힐 뿐 아니라 실내와 실외를 연결시켜 생활의 다양함과 행태의 자유로움을 부여해 주는 매개공간이라는 것을 간과해서는 안 된다.

평상시에는 창문, 펼치면 발코니

거리 풍경을 바라보며 차를 마실 수 있는 발코니로 변환이 가능한 '접이식 발코니 창틀'이 화제가 되고 있다. 네덜란드의 건축회사가 개발한 것으로, 평범한 창문을 순식간에 넓은 발코니로 바꿀 수 있다. '블룸 프레임(Bloomframe)'이라는 이름의 이 창틀은 발코니가 마련되지 않은 좁은 아파트, 오피스텔에 거주하는 사람 및 흡연가들 사이에서 인기를 끌 전망이다.   출처: 조선닷컴, 2007. 2. 28.

■ 아파트, 다양함을 담다

한 지붕 두 가족

아파트의 평면은 한번 공간이 구획되면 변화가 어렵지만 사용자의 요구에 따라 공간 변화가 가능한 평면이 등장하고 있다. 저출산, 인구고령화 등에 따른 가족구성원 변화에 대응한 가변형 평면이 그것으로 가족구성원이 변화할 때마다 옮겨 다니는 것이 아니라 기존 주택을 가족구성원에 맞는 구조로 바꾸는 것이다. 또 LH공사의 '2 in 1 주택'은 한 주택에 두 세대가 분리되어 살 수 있는 평면으로 라이프스타일에 따라 공간을 다양하게 재구성해 다목적 사용이 가능한 주택이다. 구조에 따라 나눔형Home Share · 쌍둥이형Twin · 복층형Duplex이 있다.

나눔형(74㎡형, 84㎡형)은 노인층이 자녀의 유학이나 결혼 등으로 가족 수가 줄어들면 여유 공간을 분리해 임대할 수 있고 가족 수가 늘어나면 분리했던 공간을 다시 통합하여 생활할 수 있다. 쌍둥이형(59㎡형)은 1~2인 가구를 위한 평면으로 따로 현관문이 있어 분리된 공간을 임대하거나 재택근무 공간으로 활용할 수 있으며 복층형(84㎡형)은 1~3층 가운데 두 가구가 1층과 3층을 사용하고 2층을 양분하는 것이다. 1층과 3층은 2~3인가구가 사용하고 2층은 부분임대를 주거나 재택근무 등 목적에 따라 사용이 가능하고 상호간의 프라이버시도 지켜진다. 이와 유사하게 '3세대 동거형 아파트', 혹은 '2세대 분리형 아파트'는 두 세대가 함께 살 수 있는 아파트로 가족의 변화를 담을 수 있는 새로운 시도이다.

LH공사의 2 in 1 주택, 나눔형, 쌍둥이형 평면과 복층형 개념도

마음대로 선택한다

이제는 아파트 내부의 벽도 바꿀 수 있다. 한화건설은 아파트 내부 공간을 바꿀 수 있는 소형아파트 '스마트 셀'과 '스마트 핏'을 제안하였다. 스마트 셀은 1~2인 가구를 위한 30~45㎡ 규모의 소형 평면으로 욕실과 부엌 크기를 줄여 기존 아파트에 비해 실제 사용공간을 20% 정도 넓혔다. 여기에 움직이는 가구^{moving furniture}와 모양을 바꿔 다른 용도로 활용할 수 있는 가구^{transformer furniture}를 설치할 수 있다. 30㎡형은 사무실, 스튜디오, 1인 거주용 레지던스, 2인 거주용 도미토리 등 4가지 형태를 선택할 수 있으며 복층형 설계, 이동 가능한 가변형 벽체^{moving wall}를 적용하였다. 스마트 핏은 84㎡형에만 적용되며 30대를 위한 플래티넘, 40대의 골드, 50대의 실버 등 3가지 타입으로 선택이 가능하다. 무빙월과 무빙퍼니처를 이용해 별도의 리모델링 공사 없이도 내부공간을 자유롭게 활용할 수 있는데, 기존 가변형 벽체가 한번 설치하면 변경할 수 없는데 비해 무빙월은 언제든지 이동 가능하여 사용자의 필요에 따라 변경이 가능한 장점이 있다.

이와 함께 대우건설의 '마이 프리미엄^{my premium}'은 아파트 입주 예정자가 미리 방의 개수, 면적, 주방과 거실 등의 구조를 선택하면 그대로 시공하는 개별 맞춤형 아파트이다. 만약 가족구성원이나 생활 습관의 변화, 이사 등으로 공간의 구조를 바꿀 필요가 생기면 간편하게 변경할 수 있다. 여기에는 무자녀 부부를 위한 공간, 유아기자녀 부모를 위한 공간, 학령기자녀 부모를 위한 공간, 3세대 동거형 가족을 위한 공간, 노년부부를 위한 5가지 맞춤형 평면이 있고 더 나아가 인테리어, 마감재, 가구까지도 직접 선택

[Platinum] - 영유아 성장기 　　[Gold] - 초중등 성장기 　　[Silver] - 장년 안정기

한화건설의 스마트핏(84㎡형) 타입별 평면도

할 수 있다. 자녀실의 벽지, 바닥재, 신발장, 옷장, 파우더장의 외부디자인 및 내부구성은 물론 부엌의 전체 색상이나 가구의 형태, 상판, 포인트 색상 및 보조주방의 구성도 선택이 가능하다. 이밖에 욕실의 위생기기나 각 실의 조명 등까지 거주자가 직접 선택할 수 있다.

무빙퍼니쳐(책장을 옆으로 밀면 화장대, 옷장이 있다)와 무빙월(중앙의 벽체가 이동·배치된다).
출처: 이데일리 신문, 2012. 1. 12.

고객은 스마트 기기로 현실에서처럼 내가 선택한 맞춤형 평면을
언제 어디서나 폰을 통해 확인하실 수 있습니다.

1. 고객님의 기본 정보와 전송받을 연락처를 입력합니다.

2. 라이프스타일에 따른 평면 구조를 선택합니다.

3. 라이프스타일에 따른 인테리어를 선택합니다.

4. 선택하신 평면 구조와 인테리어를 확인할 수 있습니다

대우 건설 '마이 프리미엄(My Premium)'의 선택형 옵션
거주자가 스마트 기기로 직접 맞춤형 공간을 선택하고 확인할 수 있다.

무자녀부부 평면

유아기자녀 평면

노년부부 평면

학령기자녀 평면

3세대 동거가족 평면

대우건설 맞춤형주택의 5가지 평면

■ 아파트, 감성을 담아내다

진심이 짓는다

최근 기능의 공간으로 대표되는 아파트는 기능을 넘어 거주자의 다양한 요구를 담은 감성공간을 선보이고 있다. 이는 1990년대부터 시작한 차별화, 고급화를 지나 2000년대 이후 환경친화형이나 웰빙을 내세우며 거주자의 다양한 선택을 유도하고 있다. 아파트 광고에서도 개성 있는 나만의 공간 등 거주자의 만족을 내세워 질적인 우수성을 전하고 있다. 특히 아파트 TV 광고에는 '거주자'에 대한 얘기가 많다. 거주자가 제안한 아이디어를 채택하거나, 유명 모델들이 직접 그 아파트에 살아보고 광고를 찍는 등 거주한 후의 체험을 통해 장점을 부각시키는 실증적 확인이 설계의 중요 콘셉트로 자리잡고 있다.

직접 살아보고 광고를 찍는다는
마케팅으로 주목을 끌었던 광고
(삼성래미안 아파트)

살아보면 누구나 '힐하우스' 편(2010. 7.)

진짜 살아보고 찍는다구요?
얼마 전 바쁜 드라마 촬영 일정을 끝낸 배우 이미숙씨. 여유와 휴식을 찾아 래미안으로 떠난 그녀의 특별한 일상이 시작됩니다. 차에서 내리지 마자 래미안의 독특함에 먼저 시선을 빼앗기는데요, 살짝 긴장되었던 마음도 창 밖 가득한 녹음과 바람 소리에 어느덧 눈 녹듯 사라집니다. 가벼운 차림으로 스파에 나서기도 하고 폭포, 계단, 조형물 등 래미안의 산책길을 걸으며 지내는 내내 호기심과 즐거움으로 가득 찼던 래미안에서의 특별한 일상! 함께 동행하시겠어요?

"진심이 짓는다." 이는 어느 기업의 아파트 TV광고 카피로서 거주자가 직접 설계에 참여하는 모습을 부각하면서 거주자의 감성을 이끌어내고 있다. 거주자는 아파트에서 직접 살아보고 여기서 느낀 불편함이나 요구사항 등을 공모전을 통해 제안하게 되는데, 당선된 아이디어는 설계에 반영되어 거주자의 만족도를 높이는 것이다. 10cm 더

'신발장 벤치' TV광고 (대림e-편한세상)

'이동식 조명' TV광고 (대림e-편한세상)

'10cm 넓은 주차장' TV광고 (대림e-편한세상)

넓어진 주차장, 신발장 벤치, 이동식 조명 등이 그 대표적 사례이다. 공모전을 통해 나타난 사용자의 의견은 기업의 광고로 이어진다. 아파트에서 사람들이 진정 원하는 것이 무엇인지를 거주자에 대한 사랑과 열정을 담은 '진심'에서 찾았다. 그간 아파트 광고는 인기 탤런트들이 출연하여 화려하고 매력적인 공간을 강조하였다면 '진심이 짓는다' 시리즈는 기존의 형식을 탈피함으로써 화제를 불러일으켰다.

소통, 단지의 재구성

1990년대까지 우리나라 아파트의 단지배치는 지형이나 지역적 특성을 고려하지 않은 남향 위주의 판상형 배치가 대부분이었다. 그러나 이러한 배치는 도시맥락의 파괴나 주변 가로공간의 비활성화를 초래하였고 이웃과의 대화를 단절시키는 문제점으로 제기되었다. 이에 대한 대안으로 최근 '중정형 아파트'의 도입이 시도되고 있다. 2008년 의정부 녹양지구 국민임대주택은 우리나라 최초의 중정형 아파트로 '소통'에 대한 새로운 시각을 제시하였다. 단지의 중앙에 중정을 배치하고 외곽에 아파트 동을 배치하는 것인데 특히 주변환경과 도시적 맥락을 고려하여 하천과 녹지방향으로 열려진 블록형을 적용하였다. 단지 내부에서는 중정을 통해 바깥세상과 구별되는 안의 세상으로서 거주자 간의 커뮤니티 형성을 촉진시켰고 단지 외부에서는 가로공간의 활성화가 이루어져 도시가로의 얼굴이 될 수 있도록 하였다.

이러한 중정형 아파트 계획은 2009년과 2010년에 준공된 은평 뉴타운 1, 2구역에서 본격화되어 은평 2구역에서의 중정형 아파트는 전체구역의 중심부 8개 블록에 적용되었다. 이밖에 최근 정부에서 추진하고 있는 보금자리주택 현상설계에서도 일부 블록을

의정부 녹양지구 입체가로와 중정

의정부 녹양지구 생활가로

도시형 생활주택 지구로 지정하거나 중·저층으로 층수를 지정하여 중정형 배치를 유도하고 있다. 이는 단지 내부에서의 소통은 물론 풍부한 주거환경과 다양한 커뮤니티를 만들어낼 것이다.

아파트, 한옥을 입다

아파트에 거주하는 도시민의 상당수는 아파트가 보편적인 주택의 이상향이기를 기대하고 있을 것이다. 한국인의 주택에 대한 이상향은 우리에게 의식적, 혹은 무의식적으로 자리하고 있는 한옥일 수 있어 최근 아파트에 한옥을 담아내려는 시도가 진행되고 있다. 공간배치에서부터 공간구성요소에 이르기까지 한옥이 새롭게 재해석되어 아파트 공간에 나타나고 있는 것이다. 이러한 시도는 한옥의 대중화라는 측면에서 고무적이다. 그러나 한옥아파트라고 해서 한옥의 모든 요소를 다 갖출 필요는 없다. 한옥이 가지는 공간감성을 살리면 될 것이다.

　한옥 아파트는 크게 두 타입으로 구분할 수 있다. 기존 아파트의 공간구조는 그대로 두고 실내만 한옥 스타일로 전환한 '한옥 인테리어'와 한옥의 공간구성을 적극적으로 실내에 도입한 '한옥형 아파트'이다. 그동안은 벽지와 장판, 창살과 창호 등의 한식스타일 적용이 개별세대 중심으로 이루어졌다면 최근 들어 사랑채를 비롯한 마당, 다실, 서재, 장독대 등 다양한 형태의 디자인과 한옥이 가지는 평면의 가변성이나 공간의 위계

한옥형아파트 누마루/담장 도입(LH 공사) 　　　 한옥형아파트 마당 도입(LH 공사) 　　　 한옥형아파트 툇마루/사랑채 도입
출처: 인터넷신문 한옥, 2011. 9. 16.

등을 아파트 평면에 접목하기 시작하였고, 내부 공간을 융통성 있게 쓸 수 있도록 마당
이나 사랑채 등의 공간을 배치하기도 한다.

한옥과 아파트는 구조가 서로 다르다. 그렇다면 서로 다른 두 구조가 어떻게 화합할
까?

LH공사는 한옥의 대표 평면인 ㄱ자, ㄷ자 집의 마당을 도입하여 안방과 서재가 있는
구조 대신 안마당과 사랑방, 누마루 등으로 대체하였다. 안마당 좌우에 사랑방, 대청,
안방을 배치하고 문간마당과 뒷마당에는 흙을 깔아 전통을 느끼도록 하였다. 마당을
두어 매개공간으로 사용하였고, 들어열개문을 통해 확장과 축소가 가능하다. 134㎡형
은 안마당을 중심으로 방, 누마루, 대청이 연속되어 있고, 문간마당은 세대 밖 외부공
간과 매개공간 역할을 하며 장독대가 설치된 뒷마당과 누마루가 연결되어 시각적 개방
감을 부여하였다. 이 두 사례는 한옥의 평면을 적극적으로 실내로 끌어들여 아파트에
서도 한옥이 주는 공감감성을 느낄 수 있도록 한 예이다. 아파트에 한옥을 무리하게 배
치할 경우 디자인의 정체성을 잃어버릴 수 있다. 반대로 단순히 한옥의 문양을 내부에
소극적으로 도입하는 경우는 한옥의 감성을 담아낼 수 없다.

효율성을 강조하는 아파트와, 여유를 미덕으로 여기는 한옥을 결합한다는 것은 분명
물과 기름을 섞는 것처럼 어렵고 불가능한 일일지도 모른다. 또한 한옥은 공간의 심도
(깊이)가 깊어지고 비움을 강조하는 주거인데 아파트는 프라이버시가 최대화되는 공
간이므로 둘 사이의 절충이 쉽지만은 않을 것이다. 현대에서의 자연환경은 인공적인
빌딩숲이다. 한옥은 자연세계의 토대 위에 지어야 한다는 편견을 과감히 버리고 빌딩

숲을 자연 삼아 아파트의 편리함을 접목한 가운데 한옥의 감성을 모두 충족시켜야 할 것이다.

참고문헌

대한주택공사(2009). **공동주택 한옥디자인**.

발레리 줄레로 지음, 김혜연 옮김(2007). **아파트 공화국**. 서울: 후마니타스.

서윤영(2003). **세상에서 가장 아름다운 집**. 서울: 궁리출판.

이연숙(2004). **한국인의 삶과 미래주택**. 서울: 연세대학교출판부.

이연숙 · 이성미(2006). **건강주택**. 서울: 연세대학교출판부.

2010 AURI 건축도시포럼 우리 시대의 좋은 도시 · 주거공간읽기 답사자료집

전상인(2009). **아파트에 미치다: 현대한국의 주거사회학**. 서울: 이숲.

정무웅 외 9인(2004). **건축디자인과 인간행태심리**. 서울: 기문당.

조원용(2010). **건축, 생활 속에 스며들다**. 서울: 창의체험.

홍형옥 외 14인(2005). **생활 속의 공간예술**. 서울: 교문사.

http://blog.daum.net/sss2115/17048539

http://blog.naver.com/mushsonge/40143104415

http://www.daelim-apt.co.kr/

http://www.my-premium.co.kr/common/main.asp

http://www.raemian.co.kr/

이상의 공간, 단독주택

성장한 뒤 우리는 세 종류의 집을 가지게 된다. 유년시절을 보냈던 기억의 집과 현재 살고 있는 집, 그리고 살고 싶은 꿈속의 집이다. 이 세 가지 집이 현실화된 사람은 참 행복한 사람일 것이다. 사람들은 어린 시절의 기억 속 공간을 꿈꾼다. 아파트가 아닌 마당 깊은 그림 같은 집을 꿈꾸고 있다. 그러나 모든 사람이 단독주택을 이상적으로 생각하지는 않는다. 아파트를 꿈꾸는 이들도 있을 것이다. 언제부터 우리는 아파트에 살게 되었을까? 어느 순간 갑자기 아파트가 나타난 것은 아니다. 우리가 살던 한옥은 양옥으로 변화하고 그 양옥마저 공동주택인 아파트로 변화하였다. 왜 우리가 꿈꾸던 마당 깊은 집은 사라졌을까? 집의 대명사 단독주택의 공간감성을 찾아보자.

Chapter 06 | 이상의 공간, 단독주택

■ 식민화된 우리 집

왜곡된 이상향 '서구주택'

초가와 기와지붕의 전통 주택이 서구식 주택으로 변모한 것은 언제부터일까?

우리나라 주택은 구한말 개항을 필두로 급격히 변화하였다. 개항 이후 일본과 서구 문화의 도입은 우리의 주거에 많은 변화를 가져와 개항지를 중심으로 외국인을 위한 주택이 지어졌다. 그들의 양식으로 공관과 사택을 지었으며 그들의 주생활양식을 그대로 들여와 생활하였다. 우리의 전통과는 무관한 새로운 구조로 건축되기도 하고 우리의 전통 한옥에 그들의 용도에 맞춰 응접실과 서재를 만들고 서양식 가구와 난로를 설치하기도 하였다. 그러나 여전히 서양인에게 우리의 한옥은 불편한 곳이었다. 키 큰 외국인들은 서까래와 문지방에 머리를 자주 부딪쳤고, 방을 연결하는 복도가 없어 마당을 가로질러 식당과 응접실로 이동하였으며, 우물과 화장실도 그들이 사용하기에는 불

친일귀족 윤덕영의 옥인동 주택
출처: 조선일보, 1926. 5. 23.

우종관 주택 일식/양식의 절충식 문화주택. 지하1층/지상2층과 넓은 정원 및 경비실이 있다.
출처: 조선과 건축, 1929. 2.

편하고 비위생적이었다.

이러한 서양식 주택은 어디까지나 외국인을 위한 것이었으나 새로운 자재와 양식으로 지은 생소한 주택은 고관대작들에게 이상향의 주택이 되었다. 당대에는 서양식 주택이 부의 상징, 혹은 개화기의 상징이 되어 많은 부호와 고관들의 집에는 수입한 입식 가구와 집기들이 가득하였다. '한양의 아방궁'이라 불리는 친일파 윤덕영의 주택은 프랑스 귀족 별장의 설계도로 지은 것으로 방만 40개나 되었다. 이 주택은 프랑스 공사로 있던 민영찬이 그곳의 화려하고 장엄한 저택을 보고 고국에 돌아와 이상적인 집을 짓겠다는 생각으로 어떤 귀족별장의 설계도를 보관하였으나 그 꿈을 실현하지 못하고 이를 윤덕영에 넘긴 것으로 서구식 주택에 대한 그들의 열망을 엿볼 수 있다.

1920~30년대에는 '문화주택'이 유행하게 된다. 당시 문화는 근대화나 서구화의 상징이었다. 일부 유학파 지식인들이나 진보적 인사들은 서구식 주생활을 동경하였고, 결국 서구주택에 대한 선망과 맹목적 추종으로 이어졌다. 이들은 다층주택에 현관과 응접실을 설치하였다. 그리고 재래식 주택의 과밀한 침실과 온돌의 폐단을 지적하였다. '문화주택'은 당대에 첫손 꼽히는 부富의 상징이었고 한옥의 모든 불편함은 없애고 홀(거실)과 욕실의 편안함을 보탠 꿈의 집이었다. 특히 여자들에게 문화주택은 선망의 대상이었다. 침실, 식당, 응접실, 목욕탕 등이 갖추어진 서양식 문화주택은 신여성의 사회활동을 배려하고 서구의 합리성과 양성평등을 실현한 공간으로 여겨졌다. 그러나 이들도 실질적인 살림은 한옥에서 하고 양옥은 일상생활이 아닌 연회 및 접대나 과시를 위한 용도로 사용하는 경우가 많았다. 또한 서구식 난방에 적응하기 힘들어 다시 한옥으로 이사하기도 하였다. 즉, 일상생활의 변화가 수반되지 않은 상황에서 서구식 주택에서의 생활은 호기심의 대상이었고, 헛된 꿈이었다.

상품화된 서민주택

도시의 급작스러운 인구집중으로 야기된 주택문제는 대량의 공급이 필수적이었고 이는 자본을 가진 주택공급업자를 등장시켰다. 주택은 '재물'이었고 팔기 위한 상품으로 1920년대 중반부터 1960년대 초반까지 민간건설업자에 의해 대량의 도시형 한옥이 건설되었다. 도시형 한옥은 팔 것을 전제로 외관은 상류층의 전통한옥 형태를 모방하였지만 작은 대지에 칸수를 좁혀 수없이 복제되었다.

　정부의 구호주택 공급의 일환으로 최소규모의 공영주택이 지어지긴 하였으나 구체적으로 많은 물량을 담당한 것은 '집장사 집'이었다. 영리 목적으로 집을 지어 파는 사람을 집장사라고 한다면 1960년대 이후 지어진 단독주택은 거의 집장사 집이라 할 수 있다. 집장사 집은 도시형 한옥과는 달리 구조와 재료 및 그 외형이 완전히 다르게 바뀌었다. 색색의 박공지붕, 흰색의 콘크리트 난간, 벽돌 및 석재 마감은 대표적인 서민주택의 외형이며, 거주자의 요구에 맞게 동선을 짧게 하고 내부 공간의 기능은 살리면서 입식구조를 도입하였다. 상품화된 서민주택은 매매 시의 교환가치를 우선적으로 고려하여 건축가 주택의 평면과 의장적 요소, 외관 등을 모방하는 등 상층지향적 성향을 나타냈다. 1960년대 ㄱ자 주택을 비롯해 1970년대 뾰족지붕의 블란서 주택, 80년대 2층 주택이 그때그때 하나의 양식으로 정형화되면서 디자인과 개성이 무시된 주택이 산출되었다. 이처럼 우리의 주거문화는 전쟁과 복구라는 과정을 거치면서 일순간에 서구식 주택을 도입하였다. 이는 근대화를 지향한 제도권의 필연적 결과이다. 이렇게 우리는 준비과정 없이 서구주택의 식민화를 경험하게 된다.

변질된 단독주택

　1980년대가 되면서 아파트는 한국의 대표적인 주거형태가 되었다. 이 시기의 단독

다가구 주택과 다세대 주택으로 변질된 단독주택지

주택은 임대수익을 위해 셋방을 들인 소위 다세대·다가구주택이 대세였고 따라서 단독주택은 더 이상 한가구를 위한 주택이 아니라 여러 세대가 불편 없이 생활할 수 있는 '다세대를 위한 주택'으로 변화하였다. 다세대주택은 1980년대 중반 이후 주택보급률을 높이는 하나의 방편으로 자투리땅의 활용과 낡은 주택을 개선하려는 취지에서 시작되었다. 다세대주택은 한 건물에서 각 세대가 독립된 주거생활을 영위할 수 있으며, 세대별 소유 및 분양이 가능한 공동주택이다. 다가구주택은 세대별 소유나 분양이 안 되는 임대주택으로 법적으로 단독주택에 해당된다. 소형 서민주택의 대부분을 차지하고 있는 다세대·다가구주택은 공급 측면에 큰 기여를 하여 2000년대 서울 주택의 30%를 차지하였다. 그러나 개인건설업자가 지은 집장사 집의 하나로 비슷한 규모와 외관 때문에 도시의 개성을 잃어버렸고 주차 문제, 일조 문제, 프라이버시 문제 등 많은 문제를 일으켜 도시 내 하위시장으로 전락하게 되었다.

이제는 단독주택만의 새로운 감성을 찾아야 할 때이다. 주택의 양적 팽창 시대는 끝났고 질적으로 성숙해져야 한다. 아무리 다세대·다가구주택이라 하더라도 문 닫고 들어가서 이웃과 유리되는 주택이 아닌 여러 세대가 공유하고 소통할 수 있어야 하며 따라서 커뮤니티 공간이나 마당을 되찾아야 한다. 우리의 의식에 새로운 시도와 변화가 이루어져야 할 때이다.

■ 감성으로 표현한 집

서민들이 획일화된 집장사 집을 사고 팔 때, 안목 있고 경제력 있는 일부계층에서는 개성을 살린 자신만의 주택을 건축가에게 의뢰한다. 개인의 이상적인 꿈을 건축가의 도움을 받아 실현하고자 한 것이다. 그들의 주택은 그 시대의 이상적 선망이 표현되고 있다. 자연과 전통한옥을 담기 위해 노력하였고 이웃이나 가족과 소통하는 등 다양한 감성이 표현되고 있다.

전통을 담은 집

서구화된 공간과 생활방식의 범람은 우리 전통에 대한 향수를 불러일으켰고 건축가들은 주택에 전통을 적극적으로 도입하였다. 1980년대 초의 주택에서 전통이 직설적으로 표현되었다면 80년대 중반부터는 전통공간의 기법이나 개념의 현대적 해석을 통해 전통을 우회적으로 표현하였다. 채나눔, 전이공간, 중정, 고샅, 문방과 흙마당, 마루마당, 대청마루 등의 개념이 도입되었으며, 서까래, 사괴석, 내외담 등을 상징적 이미지로 표현하였다.

수졸당1992, 서울학동의 감성은 비움의 마당이다. 좁은 대지 안에서 현대적이고 기능적인 공간을 구성함과 동시에 마당이라는 공간을 주택의 구심점으로 삼았다. 마당 위주의 공간, 채우는 것보다 비우는 것을 위주로 한 '빈자의 미학'은 서구적 공간과 생활방식에 무의식적으로 길들여지고 식민화된 우리에게 전통감성을 일깨워 주었다. 이 집은 한 덩어리로 구성된 집이 아니라 부분부분 나뉘어져 있어 보는 사람에게도 사는 사람에게도 즐거움을 안겨 준다. 건축가인 승효상씨는 '좋은 집이란 다소 불편하더라도 나

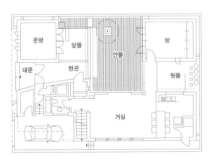

수졸당 안뜰 마루마당이 백미이다. 마당과 흰 벽, 한 그루의 나무는 절제와 긴장의 미학이다.
출처: http://jodesign.kr/163

가서 대문을 열어 주고 빗자루로 마당을 쓸고 걸레로 훔칠 수 있는 집'이라며 수졸당의 설계 의도를 설명하였다.

방 하나, 부엌 하나, 마루가 전부인 도산서원은 더 이상 덜어낼 것이 없는 최소한의 집이다. 금산주택2010, 충남금산은 도산서원의 그 정신을 이어받았다. 상자 집에 가장 단순한 맞배지붕 하나 얹어 언뜻 보면 창고 같아 보인다. 세상에서 가장 단순한, 집이라고 하면 누구나 떠올릴 모습 그대로 지은 집이다. 집 크기도 작아 방 두 개, 화장실 하나, 부엌 하나, 넓은 마루, 야외 샤워실이 전부이나 매우 크게 느껴진다. 왜 그럴까? 이 집이 담아내려 한 생각 때문이다. 이집은 현관이 없다. 모든 문이 현관이요 모든 문이 창이 된다. 마루의 문을 열면 방이 나오고, 그 너머에 또 방이 나온다. 거실 역할을 하는 앞방 다음 뒷방은 부엌 겸용이고 그 위에는 아주 작은 다락방이 있다.

한옥의 가장 큰 특징은 공간이 움직인다는 사실이다. 정지된 화면이 아니라 동영상처럼 공간과 공간 사이로 끊임없는 흐름이 있다. 그리고 내외부의 방들은 그 흐름을 자연스럽게 따라가며 빛과 바람 등 자연의 요소들이 지나가는 흔적을 담는다. 이집은 시간의 흐름과 자연의 흐름을 담았다. 한옥의 구조가 아니라 정신을 담은 현대의 한옥이라 할 수 있다.

문을 다 열면 프레임 안에 다시 프레임이 중첩된다. 창호가 벽도 되고, 그 벽이 열려 접혀 사라지면 방과 방, 방과 마루가 하나로 이어진다(사진 박영채). 출처: http://www.studio-gaon.com/

소통하는 집

아파트를 거부하고 단독주택에 살고자 하는 사람들은 자신들이 꿈꿔 온 이상을 실현하고자 한다. 이는 바로 마당이다. 폐쇄된 도시 안에 마당을 둠으로써 공유와 열림을 시도한다. 마당을 주어 공간을 비워둠으로써 더 많은 감성을 채워 넣을 수 있다. 마당은 이웃과 소통하고, 자연과 소통하고, 가족과 소통할 수 있는 공간이다. 전통주택의 마당이 작업 공간이었다면, 현대주택의 마당은 하늘로 향해 열린 테라스로, 때론 실내의 중정으로 나타나기도 한다. 그러나 그 속엔 많은 이야기가 숨어 있다. 일본 후쿠오카현 내의 부젠주택 Buzen, 2009 은 건축가가 자신의 유년시절을 회상하며 당시의 추억을 재현하였다. 아이들이 뛰어놀 수 있는 마당이 딸린 이상적인 집으로 서로 다른 구조의 다양한 공간이 모여 하나의 주택을 이루고 동시에 자연스럽게 분리되는, 실내외의 적절한 열림과 닫힘, 그 동등한 관계를 추구하였다. 방과 방 사이를 골목처럼 배치하였고, 지붕은 투명한 유리로 마감하여 하늘을 들였다. 집안에 하늘과 골목을 들이고, 골목 안이 방이 되고, 마당이 되며 모든 방문을 열면 하나의 공간이 된다. 엄마는 골목의 카페에서 차를 마시며 아이는 소꿉놀이를 한다. 엄마는 아이를 보면서 휴식을 취할 수 있고, 밥을 먹고 책을 읽고 밤하늘의 별을 보며 잠들 수 있다. 누구나 어린 시절 꿈꾸던 마당과 골목의 추억이 담긴 집이다.

House in Buzen(2010) House in Buzen(2010) 방과 방 사이가 골목이 되고 마당이 되어 가족 간의 소통이 원활히 이루어지도록 하였다.
출처: http://suppose.jp/

캐나다의 courtyard house ²⁰⁰⁷는 사무실과 주거공간이 함께하는 병용주택이다. 마당은 별채의 스튜디오와 본채 사이의 매개공간이 된다. 이 마당은 아이들의 놀이터요 가족들의 휴식공간이요, 실외 거실이 된다. 그러나 이 집에는 안마당 외에 2층에도 마당이 있다. 2층 테라스는 가족의 휴식공간이며, 아이들의 놀이터, 집안일을 하는 사적 공간이다. 1층의 안마당이 이웃과 사회와의 소통공간이라면 2층 마당은 가족과의 소통공간이 된다. 전통한옥의 사랑마당과 안마당인 것이다. 캐나다에 있지만 건축가의 동양적 감성이 드러난 주택이다.

최근 한 필지에 두 가구를 나란히 짓는 땅콩주택이 인기이다. 작지만 단독주택의 강점이 있으며, 경제적인 가격으로 내 집을 마련할 수 있기 때문이다. 건설사 혹은 주택업자에 의해 지어진 주택은 살 사람의 꿈과 상상이 끼어들 여지가 없다. 그러나 땅콩주택은 자신들이 꿈꾸던 공간을 예산범위 내에서 구체화해 주었다. 그러한 소통방식이 사람들을 더욱 꿈꾸게 하고 눈앞에 없는 공간을 상상하게 하였다. 그러나 하나의 부지에 두 집이 살고 있기 때문에 재산권 행사에 제약이 따르고, 벽을 공유하기 때문에 이웃 간에 소음이 발생할 수 있다. 또한 기존의 단독주택에 비해 가족 간 사생활보호가 취약할 수 있다. 이에 대한 대안이 가족끼리 모여 있어 분쟁을 최소화할 수 있고 세대 간 소통이 가능한 일본의 2세대 주택이다. 이는 부모세대와 자녀세대 등 2개의 독립적

courtyard house(2007) 동양의 감성을 잘 표현하여 마당과 안뜰을 새롭게 해석하였다. 2층에는 가족만을 위한 작은 마당을 두었다.
출처: http://www.studiojunction.ca/

TTN HOUSE(일본 도쿄, 2005) 부모와 출가한 두 딸이 함께 사는 주택으로 세 가정이 분리되어 있지만 데크를 통해 만나고 1층에 모두 모일 수 있는 공용공간이 있다. 출처: http://www.miyahara-arch.com/

인 세대가 한 집이나 한 건물 안에 공간을 분배하여 각자의 취미, 취향 및 사생활을 보장 받으면서 공존할 수 있는 주택이다. 2세대 주택은 크게 완전동거형, 부분동거형, 완전분리형으로 구분된다. 완전분리형은 독립된 출입구를 가지고 각 세대별 생활권을 나누지만 서로 오가면서 교류하는 유형이다. 그러나 소통을 위해 내부 통로를 두어 부담 없이 왕래할 수 있고 정원을 공유하거나 세대별 별채에 거주할 수 있다. 부분동거형은 같은 현관을 사용하나 두 개로 나누어진 출입구를 통해 각 세대로 들어가고 세대별 공유하는 공간을 만들어 서로 교류한다. 가사와 육아를 적극적으로 협력하나 각 세대별 별도의 주방을 설치하여 아침은 각 집에서 먹고, 저녁은 공유공간에서 함께 하기도 한다. 각각의 시간을 소중히 하면서 가족 간의 교류를 심화시킬 수 있다.

자연을 품은 집

사람들은 한 번쯤 은퇴 후 전원주택을 꿈꾼다. 주5일 근무제와 웰빙 열풍은 자연친화적 삶에 대한 관심이 늘어나는 계기도 되었다. 이는 생활수준이 높아지면서 획일적인 도시 생활보다는 자연과 더불어 여유로운 삶을 사는 것이 진정한 인생이라는 인식이 자리 잡았기 때문이다. 복잡한 도시에 찌든 사람일수록 자연과 가까운 곳에 살고 싶다는 꿈을 꾼다.

■ 호수로 가는 집

춘천의 호수로 가는 집은 한편의 시와 같다. 詩처럼, 호숫가의 집 한 채 …… 點처럼, 자연에 숨는다. 건축가는 "대자연 속에 점點 하나 찍는다는 자세로 임했다."라고 했다. "자연의 점령군이 되어 '나 여기 있소' 하듯 아우성치는 건물이 아니라 자연의 일부가 되는 건물"을 지향했다. "건축은 땅에 하는 예술 작업이다. 땅과 어떤 관계를 맺느냐가 중요하다. 결국 건축이 자연 속으로 들어가야 한다. 이 집에선 그 자연이 '호수'이다." 이 집 어느 곳에서나 호수를 바라볼 수 있다. 유리창을 통해 호수와 산이 풍경화가 되어 나타난다. 거실에는 집주인의 감성을 고려하여 좌식으로 꾸몄다. 사람은 집을 닮는다. 집주인도 집을 닮아 자신의 집을 찾아온 이들에게 주저 없이 문을 열어 대접한다. 집과 사람과 자연이 하나가 된 집이다.

춘천 호수로 가는 집(2008) 유리창을 통해 호수와 산이 한 폭의 산수화처럼 펼쳐진다. 창은 마치 액자와 같다(사진 박영채).

■ 건축가 조병수의 ㅁ자집

건축가 조병수의 경기도 양평 작업실은 정사각형의 콘크리트로 지은 벙커와 같은 단층집이지만 그곳에서의 삶은 한옥이다. 13.4 × 13.4m 정방형 상자는 외부에 닫혀 있어 담장으로 둘러싸인 한옥과 같다. 그러나 상자의 한가운데는 열린 지붕이 하늘을 향해 뚫려 있어 우리네 마당과 같고 닫혀 있는 현관을 열고 들어섬과 동시에 천창에서 빛이 쏟아지는 '수水정원'이 있어 극대화된다. 닫혀 있던 공간은 데크와 연결되는 미닫이문과 측면의 창을 열면 바깥 풍경을 끌어들이고 한쪽 벽 안으로 숨어 있는 화장실과 황토방을 제외하면 내부 공간은 정원을 둘러싸며 하나로 흐른다. 이 집은 살림집이 아니다. 세컨드하우스로 공간의 기능은 생각하지 않았다. 주방과 거실이 하나로 연결되어 있다. 현관에서 떨어진 또 다른 문을 열면 외부로 한없이 열린 공간이 된다. 이곳에서는 자연과 함께 휴식을 취하면 된다. 집을 어떻게 꾸미고 어떻게 보이게 할 것인가가 중요한 것이 아니라 자연 속에 들어가 어떻게 함께 지낼 것인가를 생각한 집이다.

ㅁ자형 콘크리트 박스로 막혀 있으나 가운데 중정은 하늘을 향해 열려 있다(사진 김종오).

이야기가 있는 건축가의 집

건축가가 사는 집은 어떤 모습일까? 건축가의 집에는 뭔가 특별한 것이 있다고 기대하지만 크게 다를 것이 없다. 건축가도 집에서 살아가는 한 사람일 뿐 자신이 설계한 집에서 사는 건축가는 그리 많지 않다. 그러나 그들의 집에는 이야기가 있다. 사는 이야기가 풍부하고 다채로운 이야기가 담겨 있다. 그들은 자신이 원하는 삶을 구체적으로 파악하는 안목과 그 삶을 표현하는 노하우를 갖고 있다. 몸의 편안함보다 마음의 편안함을 중요하게 여겨 느린 삶과 오래된 시간을 즐기며, 삶의 감성과 공간의 감성을 그 속에 담아내고 있다.

건축가의 집 스토리 …… 그 여덟 가지 특색

1. 고쳐 사는 집이 많다.
2. 느린 삶, 오래된 시간을 즐긴다.
3. 정신적 사치를 부린다.
4. 유목민의 방랑 기분을 잊지 않는다.
5. 집과 일터가 같이 있는 집이 많다.
6. 집뿐 아니라 동네에 관심이 많다.
7. 뭔가 자신만의 스타일이 묻어난다.
8. 건축가는 혼자 설계하지 않는다.

출처: 서울포럼, 건축가는 어떤 집에 살까

건축가 김원의 집은 그가 직접 설계한 집이 아니다. 오래된 서울 옥인동 양옥집을 리모델링하여 살고 있다. 낡은 집에 자신의 삶을 풀어놓았다. 어린 시절 기억 속의 동네를 순례하면서 마음에 드는 집을 오랫동안 기다려 사서 고치고 마당을 가꾸고, 여유가 될 때 한옥 별채를 지어 살고 있다. 김원은 일상을 사는 집은 편안함이 가장 큰 미덕이라 하였다. 건축가는 작품이 아니라 '집'을 만드는 사람이며, 집은 사람을 가장 건강하고 편안하게 하는 기본 조건을 충족시켜야 한다는 것이 그가 생각하는 좋은 집이다. 살면서 무언가를 바꿀 수 있는 여지를 남겨 두는 것도 그가 집을 짓는 방식이다. 그의 집 마당은 서울의 내사산을 모두 볼 수 있다. 마당 한쪽의 한옥 별채는 이른 봄부터 늦가을까지 그의 사랑채가 되며 책 읽고 낮잠 자고 명상하고 손님을 맞는 공간이다. 문을 열면 사방이 트이고 닫으면 호젓하게 고립되고, 한 사람이 앉아도, 스무 명이 앉아도 적당할 만큼 공간에 탄력이 있다. 도심 속에서 자연을 느낄 수 있는 집이다.

김원의 한옥 사랑채 본채는 지은 지 50년이 지난 건물이며 응접실 오른쪽 주황색 문은 '나만 아는 사인'으로 화장실 문이다. 대문의 태극도 찾기 쉬우라는 표시이다. 출처: 중앙일보, 2011. 11. 3.

건축가 우경국의 '시경당'은 시간이 머무르는 집이다. 작은 상자 위에 커다란 직사각형을 얹어 놓은 형태의 3층 건물로 자연은 자연대로 능선은 능선대로 있는 그대로 바라보기 위하여 집의 일부가 공중에 떠 있도록 하였다. 지하는 MOA라는 이름의 갤러리, 1층은 카페 겸 아트숍, 2층과 3층은 그와 가족의 생활공간, 2층 현관에서 몇 걸음 떨어진 곳은 별채이다. 별채 1층은 전체가 서재이고 지하는 게스트 하우스이다. 가족의 생활공간은 별채와도, 본채의 1층과도 분리되며 그러면서도 본채와 별채 사이에 계단식 데크가 있어 다양한 행위를 흡수하고 있다. 생활공간은 활동이 편하도록 동선이 짧은 것도 아니다. 길게 만들어 놓은 동선을 따라 걷다 보면 창으로 들어오는 햇살도 맞고 창밖 풍경도 보고 사색도 하게 되는 여유가 있는 집이다. 별을 보며 샤워를 할 수 있고, 2층의 유리문으로 둘러싸인 중정은 어느 곳에도 관통됨으로써 집안의 모든 공간은 한옥처럼 막힘없이 하나로 연결되어 있다. 집안 곳곳은 크고 작은 창이 있어 하늘과 바람과 나무를 더 가까이에서 느끼도록 하였다.

헤이리 시경당 주거동과 별채 앞에 연못을 두었고 실내에는 한옥의 대청마루인 중정을 두었다.

■ 이웃과 함께하는 집

함께 어울림, 타운하우스

개인의 프라이버시를 중시하는 현대인들은 자신의 개성을 드러낼 수 있는 주택에서 살기를 꿈꾼다. 그러나 아파트의 편리함을 버리기에는 용기가 필요하다. 따라서 개인적이면서도 편의시설을 누릴 수 있는 곳을 찾아 나섰고 이에 단독주택과 공동주택의 장점을 합친 타운하우스가 각광받기 시작하였다. 타운하우스란 수직적으로 복층 구조를, 수평적으로 합벽식 구조를 취하고 있는 저층, 저밀도 공동주택이다. 지붕을 공유하는 한개 동 안에 여러 가구의 단독주택이 개별적으로 존재한다. 각 세대는 출입문이 분리되고, 지하층부터 지상층까지 한 세대가 통째로 사용하는 것은 단독주택과 같지만 공동관리와 공동정원 및 각종 부대시설을 함께 사용하는 것은 아파트와 같다. 또한 단지 내 부대시설은 공동정원, 어린이 놀이터, 바베큐장, 야외수영장, 테니스장, 피트니스센터, 비즈니스센터에 공동 파티룸과 게스트하우스까지 마련된 곳도 있다. 단지 내 부대시설을 통해 이웃과 함께 어울리게 된다.

　18세기 영국에 최초로 등장한 타운하우스는 정원을 함께 공유하는 서민을 위한 주택이었다. 타운하우스가 보편화된 미국에는 중저가에서 초고가에 이르기까지 다양한 타운하우스가 있다. 그러나 국내에서 최근 분양하는 타운하우스는 중·상류층을 대상으로 고급화를 추구하여 고급주택의 한 유형이 되었다. 고급이라는 타이틀 아래 외부인의 출입을 통제하고 특급 호텔급 관리, 입주민을 위한 다양한 시설이 구비되어 이웃과 어울리는 공동체보다는 특권계층이라는 소속감이 두드러지게 나타난다. 또한 국내외 유명 디자이너를 앞세워 브랜드를 만들고 화려한 외관에 중점을 두고 있다. 이제 타운하우스는 원래의 탄생목적으로 되돌아가 다양한 계층의 주거문화에 맞추어야 한다. 도심을 벗어날 수 없는 중산층이 경제적이며 합리적인 비용으로 이웃과의 단절이 아닌 소통을 통해 하나의 마을을 형성하는 주택으로 재탄생하는 것이 바람직하다.

이제는 '타운하우스' 시대!

헤르만하우스는 이웃과의 유대감이 색다르다. 단지 내 커뮤니티센터에는 수시로 동네 주민들이 모여 공동 관심사에 대해 얘기한다. 센터에서 진행하는 요가 강의에는 젊은이부터 어르신까지 남녀노소가 한데 어울린다. 인터넷에 카페도 만들어 생활, 지역, 문화정보를 공유하고 있다. 아기를 키우는 새댁을 위해 고참 주부들이 육아 정보를 올리기도 한다. 누군가 밖에서 바비큐를 하는 날은 동네 잔칫날이 된다. 그래서 잔치는 수시로 열린다. 이렇게 서로 어울리다 보니 이웃 살림살이도 빤히 알 수 있을 정도다. 정겨운 시골 냄새가 난다. 지난 겨울 눈이 많이 내린 날에는 집집마다 눈사람을 만들어 즉석 콘테스트를 가지기도 했다.

출처: 이코노미플러스, 2007. 8.

동백 라폴리움
출처: http://www.lafolium.co.kr/

동백 아펠리움 2단지
출처: http://www.skdongbaek.co.kr/

공동체의 삶, 코하우징

현대화된 도시에 살고 있는 우리는 옆집에 누가 사는지 모른다. 이웃과 단절되고 세대가 단절되어 이웃사촌이라는 말은 먼 얘기가 되고 말았다. 과거에 우리는 마을에서 이웃과 어려운 일을 도우며, 공동체적 삶을 살았고 이는 모두의 이상향이다. 여기에 과거의 마을을 되살려 공동체적 삶을 사는 사람들이 있다. 바로 코하우징이다. 코하우징은 공동체를 중요하게 생각하는 동호인주택 또는 협동주택을 뜻하는 말로, 10~40가구 정도의 소규모 공동체를 이루는 주거유형을 말한다. 각 개인이 소유한 주택은 개인의 안전과 비밀을 보장하고 있으며, 공동시설로는 식당, 부엌, 세탁실, 회의실, 집회실, 놀이방, 기타 공동 옥외공간을 갖추고 다양한 공동체 활동을 한다. 혈연으로 묶이지는 않았지만 확대 가족과 유사하다. 독립적인 단일가족의 생활을 영위하면서 서로 도울 수 있는 식사, 탁아 등에서는 공동 프로그램을 운영하기 때문에 독신가구나 편부모가구, 맞벌이가구, 노인가구 등이 서로 협동하며 살아갈 수 있다. 이웃과 단절된 삶을 살던 사람들이 새로운 공동체에서 다른 사람과 좋은 관계를 맺고 살아가게 된다. 사람들과의 관계를 통해 핵가족에서 경험하지 못한 인간관계의 도움을 얻으며, 성 평등, 세대 간 의사소통의 원활함 등 개인의 성장기회를 넓힐 수 있다. 코하우징은 우리 삶의 감성을 변화시키는 주택이다.

내 집을 마련하고 싶다면 우선 어떠한 삶을 살고 싶은지, 어떻게 사람이 마주치게 되

미국 네바다주 코하우징 단지로 14가구가 거주하고 있다. 육아, 식사를 함께 하며 계절별 크고 작은 파티와 커뮤니티 이벤트 및 회의가 있다. 출처: http://www.nccoho.org/

며 보이고 안 보이는지를 결정하는 '공간'에 대해 고민해 보아야 한다. 그림 같은 집에서 벗어나 가족이 모두 만족해 하고 또 감성을 자극하는 집은 어떤 집인지 생각해 보자.

참고문헌

공동주택연구회(2010). **하우징디자인 2010**. 서울: 토문.

김인철 외 12(2005). **건축가는 어떤 집에서 살까**. 서울: 서울포럼.

김진애(2006). **이 집은 누구인가**. 서울: 샘터사.

김태영(2003). **한국근대도시주택**. 서울: 기문당.

윤정숙 외 4(2007). **한국 주거와 삶**. 파주: 교문사.

전남일(2010). **한국 주거의 공간사**. 파주: 돌베개.

전남일 · 손세관 · 양세화 · 홍형옥(2008). **한국 주거의 사회사**. 파주: 돌베개.

전남일 · 양세화 · 홍형옥(2009). **한국 주거의 미시사**. 파주: 돌베개.

편집부 편(1995). **2세대 주택의 노하우**. 서울: 탐구문화사.

홍선표 외 지음(2006). **근대화의 첫경험**. 서울: 이화여대출판부.

Part | three

감성으로 빛나다,
소비문화공간

3

노마드의 공간, 호텔

20세기 말에 출현한 노마드는 도전적이고 진취적 삶을 목표로 문화와 사상, 언어를 넘고 IT기술을 적극적으로 수용하면서 새로운 영역을 개척해 나가고 있다. 이들에게 정주성은 오랜 인류의 역사에서 잠시의 일탈일 뿐 노마드적 여행자의 삶이 인류의 고유한 특성이라 생각하며 끊임없이 세계를 돌아다닌다. 이들이 머무는 호텔은 구태의연하지 않아야 함은 물론 자유롭고 개방적인 생각과 행동을 대변하는 기상천외한 발상이라 할 정도까지 앞질러 가서 노마드의 감성을 자극해야 했다. 이들이 곧 디자인 호텔이다.

Chapter 07 | 노마드의 공간, 호텔

■ 노마드, 그들은 누구인가

노마드의 출현

1만년 전 인류는 목초지를 찾아 이동하면서 떠돌이로 사는 유목민이었으나 농경사회가 시작된 뒤 유목은 잊어버린 습성이 되었다. 그러나 21세기 디지털 시대로의 진입은 사회의 전반적인 사고체계와 가치관의 변화를 가져왔다. 특히 인터넷의 보급과 미디어의 발전은 현대인들이 시간과 공간의 속박에서 벗어나 언제 어디서든 외부와 접속하며 이동할 수 있게 하였다. 이러한 다원적 경향은 사회 전반, 건축, 예술문화에 이르기까지 모든 인간의 삶의 영역에서 나타나며 특히 이동과 소통, 여행과 횡단을 부추겨 정주보다는 이동하면서 삶을 영위하는 노마드가 되게 하였고 더불어 노마디즘^{nomadism}적 라이프스타일이 일상화되었다.

> 30여 년 전 미디어 학자 마셜 맥루헌(Marshall McLuhan)은 "사람들은 빠르게 움직이면서 전자제품을 이용하는 유목민이 될 것이다. 세계 각지를 돌아다니지만 어디에도 집은 없을 것"이라고 내다보았다. 더불어 프랑스 사회학자 자크 아탈리(Jacque Attali)는 "미래의 삶은 정주민(定住民) 체제에서 점점 유목민 체제로 회귀하며 21세기는 디지털 장비로 무장하고 지구를 떠도는 디지털 노마드의 시대"라고 규정하였다.

노마드의 사고와 행동

과학기술의 발달은 실생활을 지배하면서 인류를 언제 어디서든 외부와 접속하며 이동하고, 일정한 직장과 주소에 얽매이지 않게끔 만들었다. 조상으로부터 물려받은 유목적 특성을 내재하고 있던 현대인들은 새로운 기회를 경험하고자 하는 유목에 몰입해 가고 있다. 이들은 특정한 가치와 삶의 방식에서 벗어나 환경의 변화를 능동적으로 수용하고 끊임없이 탈주선을 그리며 새로운 삶을 찾아가고 있다. 여기에 인터넷의 급속한 보급과 발전은 국경을 넘는 탈주를 시도하게 하며 유동적 움직임을 극대화시켰다. 이제 현대의 유목민들은 더 이상 하나의 장소에 정주하지 않고 영역을 넘어서 탈주^{脫走}하고 있다. 탈주한 유목민들은 내·외부의 경계를 모호하게 하고, 타인을 인정하며 경계를 이탈한다. 이들은 더 이상 국가적 혹은 지역적 시각에서 생각하지 않으며, 실제적 또는 가상의 여행을 통해 세계적 시각을 배우고 그곳에서 새로운 기회와 경험들을 찾아내고자 한다. 이들은 '새로운 경험에 대한 기대와 만족'을 충족시키기 위해 세계로 여행을 떠나며, 다양한 볼거리와 여가생활을 즐긴다.

■ 노마드의 감성공간, 디자인 호텔

감성공간으로서의 호텔

호텔은 그 지역의 정체성을 반영하는 상징체로 도시의 랜드마크가 될 정도로 중요한 산업이다. 세계 각국은 올림픽, EXPO, 문화 박람회 등 각종 행사를 유치하고 또 관광 산업을 육성하기 위하여 대형 체인 호텔들을 건설하고 있다. 그러나 이들 체인 호텔은

과거의 유목민

현대의 유목민

세계 어디를 가나 똑같은 상품과 서비스를 제공하고 있어 이에 식상한 21C의 유목민들은 새로운 호텔을 요구하고 있으며 특히 개인 공간에 관심을 가지고 있다.

1990년도 이후 호텔은 변해야 했다. 예전의 호텔 로비가 큰 규모의 압도적 시각미를 제공하는 공용공간에 중점을 두었다면 지금의 호텔 로비는 다양한 개인 활동을 위한 공간을 제공하고 있고 객실은 2인실보다 1인실의 비중이 커지고 있으며 넓고 쾌적한 가운데 각종 기기사용을 위한 시설을 구비함으로써 고객의 감성을 자극하고 있다. 즉, 고객을 감동시키는 기능적 감성, 감각적 감성, 문화적 감성이 복합된 감성공간을 제공하고 있다는 것이다. 예를 들어, 체인 호텔인 하얏트 ^{Hyatt}는 그랜드 하얏트 ^{Grand Hyatt}가 대표적이었으나 부티크 호텔인 파크 하얏트 ^{Park Hyatt}를 개발하여 감성에 호소하고 있다. 그 감성적 디자인을 보면 5성급 체인 호텔이 대부분 1층에 로비를, 제일 위층에 수익이 좋은 고급 레스토랑이나 바를 위치시키는 것에 비해 파크 하얏트 서울의 로비는 꼭대기인 24층에 위치하고 있다. 이는 수익성보다는 체크인 하는 고객 모두에게 제일 좋은 공간을 경험하게 한다는 배려이며 이렇게 고객을 감동시키는 감성공간이 마케팅에서도 성공한다는 철학이 있기 때문이었다. 또 객실은 면적이 42㎡여서 다른 호텔보다 월등히 크며 그중 욕실이 1/3일 정도로 많은 면적을 할애하고 있다. 그 디자인 또한 감성적이어서 욕실과 방 사이에 수납장이 위치하고 이 수납장에는 욕실에서도, 침실에서도 쓸 수 있는 접이문이 양쪽에 설치되어 있다. 욕실은 전면 유리로 욕조를 가운데, TV와 함께 배치하여 여유로움을 주며 벽면은 화강암을 매끈하게 또 거칠게도 마감함으로써 현대적이면서도 자연적인 감성을 느낄 수 있다.

호텔에서 진정한 고객은 돈을 많이 쓰는 고객이 아니라 감성적 품격을 즐길 줄 아는 고객이다. 즉, 건축, 디자인, 예술품, 장식 등 호텔 공간의 창의성에 대한 존경이 있고 문화를 이해하는 고객이다. 진정한 호텔의 고객은 호텔의 이미지와 그 호텔이 추구하는 감성을 산다. 따라서 호텔은 이미지와 감성을 팔고 이미지와 감성으로 승부해야 한다. 이제 호텔은 물리적인 구조물이 아니라 이미지와 감성 그 자체이며 이것이 그 호텔을 방문하고 싶은 이유가 되어야 한다.

압도적 시각미의 그랜드 하얏트 로비

그랜드 하얏트 객실

맨 꼭대기에 위치한 파크 하얏트 로비

파크 하얏트 객실

침실과 욕실 중간에 배치된 수납장

거친 돌벽, TV와 함께 배치된 욕조

노마드와 디자인 호텔

다원화된 세계에 살고 있는 21C의 유목민들은 가능한 한 새로운 경험을 원하며 어디를 가나 그 기대를 하고 있다. 떠도는 현대인들에게 호텔은 여행 도중에 잠시 여정을 풀고, 잠을 자는 정주공간이기도 하지만 '새로운 경험에 대한 기대'를 만족시켜야 하는 공간이기도 하다. 예술 분야에서, 참여하는 관객의 입장처럼 호텔을 선택함에 있어서도 현대인들은 호텔 특유의 분위기와 이미지, 서비스를 자신의 취향에 맞춰서 선택하기를 원한다. 이에 부응하여 호텔 디자인은 획일성에서 탈피한 다양성을 추구하게 되고 이는 유능한 디자이너의 창의력과 새로운 시도에 의존하게 되었다. 즉, 디자인 호텔이 등장하게 되었다는 것이다.

디자인 호텔은 호텔산업 또는 기업으로 대형화되고 체인화된 호텔들과는 달리 개인이 소유한 호텔이 대부분이며 디자이너의 디자인 개념과 언어를 통해 다양한 표현방법과 원리를 공간에 적용하여 새로운 공간과 삶의 무대를 제공하는 호텔이다. 또한 디자인호텔은 독자적 아이덴티티를 확보하며 숙박과 식음에 대한 인적 서비스는 물론 문화적 공간을 제시하기도 한다. 따라서 새로운 것을 발견하고 탐험하기 좋아하는 유목적 성향의 고객들과 비즈니스맨, 그리고 패션에 민감한 디자인 정키design junkies, 전문

직 여성들이 주 고객이며 미국에서는 부티크 호텔로 시작되었으나 전 세계로 퍼져 나가면서 디자인 호텔이라는 명칭이 함께 부여되었고 현재 디자인 호텔이라는 명칭이 더 많이 쓰이고 있다. 주로 뉴욕, 런던, 파리, 밀라노 등 대도시에 위치하는 디자인 호텔은 대부분 150실 이하의 중, 소규모이며 신축하는 건물보다 오래된 건물을 개조하는 예가 많다.

디자인 호텔은 고객에게 새로운 라이프스타일을 제공하며 이를 경험하게 한다. 이는 감성적 서비스로 호텔 이용자가 필요로 하는 것은 물론이고 원하는 것까지 정확하게 한정된 시간 없이 최대한 서비스하는 것이다. 그러나 이보다 더 큰 서비스는 차별화된 디자인으로 일상을 뛰어넘는 새로운 디자인적 유희로서의 체험 장소를 제공하는 것이다. 이는 주로 유명 디자이너의 창조적, 혁신적 디자인을 통해 고객의 감성을 자극하고 또 감동시킨다. 이들 디자이너들은 기존의 대형 체인 호텔이 추구하는 일률적인 디자인과는 확연히 다른 무언가를 제공하고 고객은 디자이너가 제공하는 전혀 익숙하지 않은 그 무엇과 마주하거나 놀라움을 경험하게 된다.

디자인 호텔의 창시자인 이안 슈레거Ian Schraeger가 처음 시도한 Morgan Hotel은 앙드레 퓌망Andrée Putman이 디자인하였고 그 이후 필립스탁Philippe Starck이나 장누벨Jean Nouvel 등이 대표 디자이너로 부상하였으며 이들은 각각 초현실적 공간이나 유머와 편안함, 공간의 투명성이나 상호작용적 공간창출이라는 개념으로 많은 호텔을 디자인하였다. 또 각각의 객실을 서로 다른 디자이너가 각자의 특성 있는 테마로 디자인하기도 하는데 이곳을 체험한 사람들은 다른 방도 체험하고 싶어 다시 찾게 된다. 이러한 디자이너들의 다양성은 서로 다른 문화나 장르가 만나 새로운 방법으로 결합하거나 혁신적인 아이디어를 창출할 수 있는 시너지효과를 만들어 내면서 고객의 감성을 자극하고 디자인호텔에 열광하게 하는 원동력이 되고 있다. 그리하여 디자인 호텔은 다양한 경험을 원하는 현대의 유목민에게 머물기 원하는 매력적인 장소가 되고 있다.

■ 디자인 호텔의 감성표현 방법

디자인 호텔은 2011년 12월 현재, 디자인 호텔의 대표 사이트인 www.designhotels.
com 에 등록된 호텔이 210개이며 www.tablethotels.com에는 1,800개가 등록되어 있
다. 이는 상당한 숫자로 모두 글로벌 노마드를 타깃으로 하고 있으며 나름대로 그들을
위한 최상의 서비스와 감성적 디자인을 제공하고 있다. 이들 디자인의 감성표현은 어
느 부분을 강조하느냐에 따라 다음과 같이 나타난다.

혼합

디자인 호텔에서 혼합^{hybrid}이란, 이질적인 것들의 '혼합'이며 전통과 현대, 동양과 서양,
순수예술과 대중예술 등의 문화가 만나 새로운 혼성적 문화를 생성하는 방법으로 크로
스오버^{cross-over}로 표현되기도 한다.

■ 양식의 혼합
시대에 따라 변화해 온 각 양식이나 디자인의 복합적 공존으로 과거의 건물이 재

Morgan Hotel, New York, Andrée Putman 아치가 있는 기존 건
물에 고전적 그리드 바닥을 그래픽으로 처리하여 현대와 고전이 혼
합된 공간이 탄생하였다.

Gastwerk Hotel, Hamburg 버려진 유리공장을 리모델링하면서 원래 있
던 기계를 중심에 놓고 디자인하여 리모델링 전의 상황과 현재를 혼합하
고 있다.

디자인될 경우 원래의 시대적 양식이나 과거의 디자인을 일정 부분 보존하고 나머지는 현대적 디자인으로 대체하거나 몇 가지 시대적 양식을 혼합하는 방법이다.

■ 문화의 혼합
자신이 속해 있는 문화가 아닌 다른 문화 또는 이질적 문화에 대한 동경이나 체험의 욕구를 충족시키고자 서로 다른 문화를 한 공간에 혼합하는 방법으로, 주로 서양에서는 동양문화, 동양에서는 서양문화와의 혼합이 이루어지고 있다. 고객은 이들 다른 이질적 문화의 체험을 통해 새로운 곳에 대한 동경이나 노마디즘적 호기심을 채울 수 있다.

Puerta America, Madrid, Arata Isozaki 12명 유명 디자이너 호텔의 한 층으로 일본과 미니멀리즘을 혼합하고 있다

JIA Shanghai, André Fu 현대화된 중국의 등과 새장을 중세 서양 창문과 혼합하고 있다.

■ 장르의 혼합
장르의 혼합은 공간의 구조나 장식에 예술이 도입되어 완성된다. 즉, 회화, 조각, 오브제, 영화 장면 등이 공간과 혼합하여 하나의 새로운 공간이 창조되는 것이며 이는 대부분 아티스트와의 공동작업에 의해 이루어진다.

Hotel Fox, Copenhagen 23명의 그래픽 디자이너가 참여한 호텔로 각 객실에 각각 다른 그래픽이 공간을 주도함으로써 그래픽과 공간의 장르 혼합을 보여 주고 있다.

Hotel, Luzern, Jean Nouvel 객실 천장마다 다른 영화컷을 부착시켜 영화가 혼합된 공간이 생성되었고 영화컷을 향한 조명은 외부의 호기심을 유발하고 있다.

상호작용 Interaction

감성공간 창출에서 인터랙션은 인터페이스(사용자와 시스템 사이의 물적 매개물)를 통해 발생하는 다양한 관계의 경험으로 인간의 감성을 자극하는 또 하나의 수단이다. 여기에서의 경험은 과거의 기억, 이미지, 스키마 등으로 디자인 호텔에서의 인터랙션은 경험 또는 체험을 의도된 감성과 결합시켜 고객의 참여와 만족을 이끌어내는 것이다. 즉, 디자이너가 철저한 계산하에 공간과 사람의 상호관계를 개선할 수 있는 주제를 잡아 공간 프로그램을 구성하고 그 프로그램에 따라 디자인하여 인터랙션 상황을 연출하면 고객은 적극 참여하면서 그 의미를 공유할 때 이상적인 감성공간이 탄생된다.

■ 서술 Narrative

내러티브는 이야기, 화자, 청중으로 구성되며 화자인 디자이너가 sequence있는 이야기를 시공간적으로 연출하면 청중인 고객은 적극 참여하여 디자이너가 유도하는 이야기 있는 공간을 체험하면서 즐기거나 새롭게 해석함으로써 그 의미를 공유하게 된다.

Una Hotel Vittoria, Firenze, Fabio Novembre 르네상스 팔라쪼의
유츄적 내레이션. 입구의 소용돌이 타일구조물이 앞으로 경험할 각 공
간의 이야기를 암시하고 있다.

Pflaums Posthotel, Pegnitz 바그너 도시에 위치. 각 룸에 오페라 주제에
따른 공간과 음악이 있어 주인공이 될 수 있다.

■참여와 교류

참여와 교류는 고객이 공간을 직접 조작하는 물리적 시스템과 장치를 통해 실현
된다. 고정된 공간은 변화될 수 없으나 특수한 조명 시스템으로 고객이 원하는
조명의 색을 선택하면 공간의 분위기는 바로 변하게 된다. 이는 외부 입면에도
변화를 주게 되며 따라서 길거리를 지나는 사람은 창을 통해 변화하는 색을 즐김
으로써 결국 불특정 다수와도 교류하는 공간이 된다.

Nordic Light Hotel, Stockholm의 외부와 객실 객실의 조명은 고객이 원하는 무드에 따라 색깔과 문양을 바꿀 수 있고
이것은 각각 외부로 퍼져 나가 외부인의 호기심도 유발하는 참여와 교류의 장치이다

내재적 상징

디자인은 하나의 이미지, 언어로 인식 가능하며 이는 형태나 표현에 내재되어 있는 의미, 상징체계를 통해 인식된다. 상징이란 어떤 의미를 나타내는 형상을 가리키며 공간에 표현된 상징의 메시지는 개념에 있다. 이때, 상징적 공간은 공간적 서술과 그것에 부여된 의미를 내포하고 있으며 이는 고객이 공간을 체험하면서 그 상징을 이해하고 공감대를 형성하여야 그 디자인을 보다 더 의미 있게 향유할 수 있다.

Paramount Hotel, New York, Philippe Starck 로비를 가로지르는 벤치의 끝에서 시작되는 비스듬한 금빛 벽체와 투시도적 효과의 계단은 천상의 길을 상징하고 있다.

Marques de Riscal Hotel, Spain, Frank Gehry. Rioja지역 와이너리 호텔로 외부의 티타늄색은 포도색, 콜크를 감싸는 포일의 실버, 와인병 매쉬의 골드를 은유하고 있다.

■ 디자이너에 의해 식민화된 디자인 호텔

디자인 호텔은 기존의 체인 호텔들이 가지고 있던 획일성에서 탈피하여 다양성 및 차별화를 추구하며 이는 유능한 디자이너의 창의력과 새로운 시도에 의존하고 있다. 이러한 시도는 때때로 디자인에만 치중하여 기능이 무시되는 경우가 있다. 디자이너는 늘 보아 왔던 것이 아닌 확실하게 다른 공간을 제공해야 하므로 무리한 디자인을 한다거나 사용의 편리성에 무심히 대처하기도 하면서 고객을 식민화하고 있다.

예를 들어, 유명한 건축가 '장 누벨Jean Nouvel'이 1989년에 디자인한 프랑스 보르도의

Le Saint-James 호텔의 객실 테라쪼 바닥과 높은 침대 등
불편함이 있다.

Le Saint-James 호텔의 로비 옆 공간 유명 가구디자이너의 가구로
채워져 있다.

Le Saint-James 호텔을 보자. 프랑스의 보르도는 세계에서 제일 큰 와인 생산지이자 수
많은 관광객이 밀집하는 도시로 'Le Saint-James 호텔'은 보르도 시가지가 내려다보이
는 언덕에 위치하며 객실은 전면 또는 두 면이 전체유리로 되어 있어 전망만으로도 최
고인데다 내·외부 디자인을 '장 누벨'이 담당하여 더욱 유명해진 호텔이다. 객실은
18개로 미니멀스타일minimal style이며 세계적으로 유명한 디자이너(Jacobsen, Mies Van
Der Rohe, Le Corbusier, Eileen Gray, Charles Eames ……)의 가구로 채워져 있다. 그
러나 고객의 입장에서 본 몇 가지의 문제점이 있다. 먼저, 바닥이 테라쪼terazzo로 여름
에도 매우 썰렁해 보였는데 겨울에는 더 하리라 예상할 수 있다. 두 번째는 객실의 중
앙에 위치한 침대가 너무 높아 거의 뛰어 올라가야 할 수준이라는 것이었다. 노인이나
어린이는 올라가기도 힘들거니와 침대에서 떨어지는 낙상의 위험도 있다. 세 번째는
여러 유명 디자이너의 가구 중 디자인은 좋을지 모르나 사용하기에 매우 불편한 의자
가 있다. 넷째, 샤워실의 샤워기를 걸어 놓을 데가 없어 들고 있어야 하는 불편함이 있
었다.

한편 필립스탁Philippe Starck은 또 하나의 스타 디자이너로 그가 디자인한 디자인호텔이
뉴욕, 파리, 런던, 홍콩, 상하이 등 세계 곳곳에 흩어져 있다. 그는 자신의 디자인에 상
징성을 부여하고 에로티시즘과 유머코드를 덧붙이면서 그만의 독특한 디자인 언어를
구축하였다. 그의 디자인은 대단히 명쾌하고 매혹적이며 진부하지 않다. 이렇게 창조

달리의 입술 소파와 커튼의 중첩이 나타난 입구   바로크, 로코코, 네오클래식 가구와 현대식 Paulin의 Tongue Chair가 배치된 로비

력이 비범하고 그에 걸맞는 명성을 얻은 필립스탁 호텔에도 디자인의 문제점이 있다. 그 예로 영국 런던에 있는 호텔 '샌더슨Sanderson'을 보자. 샌더슨 호텔은 부티크호텔의 창시자 이안 슈레거Ian Schraeger와 필립스탁이 함께 작업한 호텔 중의 하나이다. 그들의 개념은 오래된 건물에 즐겁고 재미있으며 유행을 선도하는 디자인을 부여함으로써 지금까지 보지도 듣지도 못한 호텔을 창조하는 것이었다. 그리하여 모든 벽과 유리창에는 하늘거리는 얇은 천의 커튼을 드리워 빛을 산란시키고 드리워진 커튼으로 인해 중첩된 공간이 신비감을 조성하도록 유도하였다. 가구는 1930년대 살바도르 달리Salvador Dali의 초현실주의surrealism에 입각한 입술 소파와 과장되고 합성된 바로크, 로코코, 네오클래식 스타일의 가구들, 여기에 피에르 폴린Pierre Paulin의 현대적이고 단순한 Tongue Chair를 적절히 배치시켜 새로움과 위트, 그리고 놀라움을 유도하고 있고 소비자들은 디자이너가 의도하는 디자인 언어를 즐기고 있다.

그러나 객실은 달랐다. 어두운 복도에서 바닥에 표시된 방 넘버의 조명에 의지해 방을 찾아 들어가면 일반 호텔과 다르게 방의 중앙에 사선으로 침대가 있고 침대 위 천장에 그림이 달려 있어 색다름을 느낄 수 있다. 그러나 방의 크기가 한정된 상태에서 중앙에 침대가 사선으로 위치한다는 것은 다른 필요한 가구나 공간이 그만큼 줄어든다는 것이어서 소비자들은 트렁크를 놓을 공간이 없다는 불만이 많았다. 침대 뒤에 조명과 함께 위치한 책상은 조명의 위치가 침대의 머리맡이어서 다른 사람이 자고 있을 때

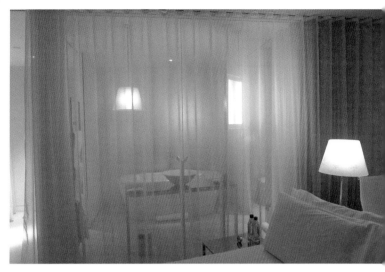

천장에 그림이 달린 객실   비치는 커튼이 드리워진 욕실

는 사용할 수가 없다. 또 로비의 커튼은 객실에도 이어지고 있는데(이를 혹평하는 소비자는 병원에 들어간 것 같다고 말하기도 한다) 객실과 욕실을 분리하는 유리벽에도 비치는 커튼이 드리워져 있고 이는 다시 붉은색의 시선 차단 커튼으로 이중 장치가 되어 있다. 그러나 시선은 차단하지만 밤에 화장실에 가려고 불을 켜면 빛이 그대로 새어 나와 옆 사람을 깨울 수 있다. 한편 욕실은 문이 없이 그대로 오픈되어 있어 욕조나 샤워실에서 바로 나올 수 없고 타월걸이가 멀리 있어 샤워 후 물을 떨어뜨리며 예닐곱 걸음 걸어가 타월을 집어야 한다. 또 샤워실 안에는 샴푸 등을 놓을 선반의 크기가 너무 작아 불편하기도 하다. 이 모든 불편함은 새로움이나 놀라움에 집중함으로써 소비자의 편의를 간과한 결과일 것이다.

이는 문화적 감성이나 감각적 감성은 충분히 만족시키겠지만 기능적 감성에서 디자이너의 횡포가 있다는 지적을 할 수 있다. 물론 디자이너는 새로운 호텔을 디자인하면서 고객의 감성을 자극하고 또 감동을 주어야 한다는 명제를 위해 자신이 세운 콘셉트에 충실히 따라간 결과일 것이다. 그러나 그의 디자인 일부가 고객을 불편하게 할 수 있는데도 그 사실을 몰랐거나, 알았더라도 '나의 디자인을 즐기려면 이 정도의 불편은 감수해도 된다.'라는 생각을 하고 있을지도 모른다. 이는 '자신의 디자인이 우선이고 디자인된 미적 현상이 중요하다'는 디자이너의 횡포이며 고객을 자신의 디자인으로 식민화하는 행위이다. 물론 그 호텔을 일부러 찾아온 고객은 부티크 호텔 또는 디자인 호텔에 대한 이해와 제공된 공간을 즐길 수 있는 문화적 감성을 갖춘 고객일 것이다. 그러나 불편함은 다른 차원이며 이는 기능적 감성이 채워지지 않는 부족한 감성공간일 수밖에 없다. 이럴 때 고객은 이를 감수만 할 필요가 없다. 적극적으로 호텔에 알리거나 다른 사람과 의견교환을 하여 이를 개선시켜야 한다. 그것이 소비자로서의 의무이며 디자이너에 의해 식민화되지 않는 길이다. 결국 이러한 적극적 의견 개진이 수반되었을 때 디자이너와 고객의 진정한 감성적 교류가 이루어지며 고객은 원하는 공간에서 머무를 수 있을 것이다.

참고문헌

오영근(2004). 공간디자인에서의 감성적 경향에 관한 연구. 한국실내디자인학회논문집, 13(2).

오영근 · 이한석 외 8인(2009). **감성공간디자인**. 서울: 기문당.

윤주희 · 김개천(2011). 노마드적 공간에 나타난 유연성에 관한 연구. 한국실내디자인학회 논문집, 20(3).

이미경(2010). 디자인 호텔의 인터랙션디자인 속성 비교 연구. 한국실내디자인학회논문집, 19(1).

이성미(2008). 공간디자인의 감성에 대한 개념적 연구. **한국실내디자인학회논문집**, 17(1).

이영화(2001). **건축과 회화로 보는 감성공간사**. 서울: 한불문화출판.

이진경(2002). **노마디즘 1**. 서울: 휴머니스트.

이진경 · 신현준 외 3인(1999). **근대의 경계를 넘어서 철학의 탈주**. 서울: 새길.

Attali, J.(2005). **호모 노마드, 유목하는 인간**(이효숙, 역). 서울: 웅진닷컴.

Attali, J.(2007). **미래의 물결**(양영란, 역). 서울: 위즈덤하우스.

Daniel Pink(2006). **새로운 미래가 온다**(김명철, 역). 서울: 한국경제신문.

Maffesoli, M.(2008). **노마디즘**(최원기, 최항섭, 역). 서울: 일신사.

오감만족의 공간, 레스토랑

사람의 감정은 음식을 먹는 과정에서 강력하게 발생한다. 오페라 관람 후 근처 비스트로에서 저녁 먹는 것, 쇼핑몰에서 친구와 옷 사고 가게에서 아이스크림 먹는 것, 바에서 재즈음악을 들으며 와인 한 잔 하는 것 등 음식을 먹는 과정에서 일어났던 행위와 감정은 그 장소를 좋은 이미지로 기억하게 된다. 이처럼 레스토랑에서 음식을 먹은 경험이 좋은 감정으로 남는다면, 그 레스토랑에 대한 강하고 지속적인 애정을 가지게 된다. 미식의 시대에서 레스토랑은 단순히 식사만을 위한 곳이 아닌 행복한 감성으로 몸과 마음을 채워 주는 감성 충전소이다.

Chapter 08

오감만족의 공간, 레스토랑

■ 레스토랑의 공간감성

식의 어메니티로 오감을 충족한다

레스토랑은 음식을 만들어 제공할 수 있는 설비를 갖추고 대중에게 식사와 음료를 판매하는 장소이다. 이러한 기본적인 역할을 충족시키기 위해 음식이라는 객체 외에 식사하는 주체인 식사자의 쾌적성이 고려되어야 하는데 이를 식의 어메니티로 설명할 수 있다. 식의 어메니티^{Amenity}란 객체가 되는 음식과 주체가 되는 식사자의 관계로, 음식으로는 화학적 요인인 맛^{미각}과 향^{후각}, 물리적 요인인 외관^{시각}, 소리^{청각}, 온도 및 질감^{촉감} 등이며 식사자로는 희로애락의 심리적 요인, 식욕/공복감 등의 생리적 요인, 인종/민족/성별 등의 선천적 요인, 생활양식/식경험 등의 후천적 요인과 식환경/외부환경 등의 환경적 요인이 있다. 과거의 레스토랑이 음식에 집중된 일차적 오감을 충족시켰다면, 오늘날은 식사자의 상태를 결정짓는 다양한 요인이 만족된 공간, 즉 감성을 포함한 오감을 감동시키는 공간이어야 한다.

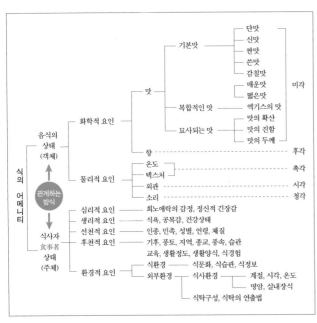

식의 어메니티
출처: Japan food coordinator association

듣는 것을 통해 공간을 느낀다

레스토랑의 문을 열고 들어서는 순간, 기대하지 않았던 음악에 감동받아 본 적이 있는가? 벽을 타고 흘러내리는 물소리에 가슴이 시원해지는 느낌을 가져본 적이 있는가? 엘리베이터에서 내리자마자 입구로부터 벽을 따라 이어지는 어두운 공간에서 들리는 빗소리는 시원함과 동시에 알 수 없는 묘한 기대감으로 발길을 이끈다. 야자수가 늘어선 좁은 통로를 지나 갑자기 눈앞에 펼쳐진 벽화와 낮은 수조, 테이블 사이로 늘어진 비즈가 물에 비쳐 일렁이면서 비오는 장면이 연상되는 이 레스토랑은 동남아시아 퓨전 레스토랑이다. 처음 레스토랑에 발을 딛는 순간 들리던 물소리는 rain이라는 단어가 들어간 상호와 연계한 공간의 연출 콘셉트로 고객의 청각적 감성을 자극하고 있다.

또 하나의 예로 전체가 모던한 공간에 중국 고가구 테이블 만이 중식당임을 알려 주는 레스토랑에서 BGM으로 재즈가 흘러나온다면 마치 뉴욕의 차이나타운에 와 있는 착각을 일으킬 수 있다. 이처럼 분위기에 젖어들게 하는 배경음악은 다른 감성을 고조시키는 촉진제가 되며 음식 맛에 대한 기대치가 상승하거나 음식 맛이 기대치보다 낮더라도 수용하는 여유를 가지게 만든다. 또한 레스토랑의 중심에 위치한 오픈 주방을 통해 쉐프가 요리하는 모습을 직접 볼 수 있는 즐거움과 함께 탁탁탁 도마 위를 춤추는 칼의 소리, 잘 달궈진 팬 위에 다져진 야채가 볶아지면서 나는 경쾌한 소리도 식욕을 자극한다.

이에 반해 식사를 진행하는 동안 지나치게 큰 음악소리, 옆 테이블의 시끄러운 대화 소리, 종업원의 조심성 없는 소음 등 식욕을 떨어뜨리는 소리도 존재한다. 인간은 노출된 환경에 민감하게 반응하므로, 작은 소음에도 기분이 상하고 식욕마저 감퇴될 수 있어 레스토랑에서 발생할 수 있는 소리에 대한 계획은 철저히 계산되어야 한다. 레스토랑의 콘셉트에 어울리는 음악이 흘러나와 손님의 감성을 충족시켜 주는 것도 필요하지만 주방과 테이블과의 거리, 주방의 오픈 유무, 옆 테이블과의 적정 간격 유지 등 물리적인 공간구성의 배치와 계획을 통해 공간을 느끼는 데 방해되는 소리는 미연에 방지해야 할 것이다.

터치를 통해 마음을 두드린다

따스하고 부드러운 의자, 둔탁하지만 적당히 닳아져 편안하게 매끄러운 테이블, 잘 다
려진 흰색 린넨 테이블 클로스, 묵직하지만 세련된 디자인의 식기와 커트러리류 등 레
스토랑에서 우리가 직접 손끝을 통해 느낄 수 있는 물리적 촉감의 경험은 다양하다. 또
물기를 머금고 싱싱한 모습을 간직한 야채샐러드 위에 좌르르 흐르는 소스는 보기만
해도 기분이 좋아진다. 이는 시각적 촉감으로 음식이 입에 들어가기 전, 손끝과 눈을
통해 즐거움을 선사해 주며 따스함, 위안감, 청량감, 편안함, 설레임 등의 정서적인 감

따뜻하고 부드러운 나무를 사용한 내부
　출처: http://www.superpotato.jp

한국적 소품과 컬러, 재료가 사용된 한식당 고상

서양적 감성의 식기

한국적 감성의 식기
　출처: 한식당 물동이

성과 연결되어 레스토랑의 이미지 형성에 영향을 미친다.

최근에는 이들 촉감에 대한 경험이 레스토랑을 기억하게 만드는 요소라 여겨 계절에 따라 변화를 주거나, 해당 나라의 분위기를 표현하기 위해 식기를 그 나라에서 직접 주문 제작하기도 한다. 한식당의 경우 도자기 작가와의 협동 작업으로 레스토랑의 콘셉트에 적합한 식기를 별도로 제작하는 등 고객의 손끝을 자극하여 마음을 두드리려는 노력을 발견할 수 있다.

좌석배치를 통해 공간을 바라본다

예약을 하지 않고 레스토랑이나 카페에 들어서면 대부분 종업원이 인원수에 맞게 자리를 안내해 준다. 밖의 풍경이 보이는 창가에 앉고 싶어도 자리선택의 권한은 박탈당하고 내가 앉고 싶은 자리보다는 지정해 주는 좌석에 앉아야 하며 이때 가구 배치는 대부분 마주보도록 획일화되어 있다. 이러한 문제를 해소하기 위해 최근 각기 다른 시대나 형태의 가구를 섞어 자유롭게 배치하거나 큰 테이블 중심으로 타인과 같이 앉는 레스

서로 마주보는 배치

다른 쪽을 바라보는 배치

토랑도 생겨나고 있다.

기존의 마주보는 배치인 'sociopetal space'에서 일행과 나란히 앉아 서로 다른 곳을 바라볼 수 있는 'sociofugal space'로 변화되고 있다는 것이다. 이는 형제 없이 자란 현대인에게 모르는 타인과의 접촉을 자연스럽게 유도하여 새로운 즐거움을 주려는 감성적 접근이라 볼 수 있다. 또한 혼자서 식사를 하거나 차를 마시러 카페에 들어가는 것이 어색했던 한국적 감성의 변화로도 해석할 수 있다.

레스토랑 좌석의 과밀은 필요하다

낯선 곳에서 레스토랑을 찾아다니다 사람들이 밖에서 기다리고 있으면 맛있는 집이라 생각한 적이 있는가? 식사공간에서 쾌적성과 과밀은 어느 쪽에서 보느냐에 따라 다르게 판단될 수 있다. 예를 들어, 테이블 간격이 좁고 프라이버시가 확보되지 않은 상황에서 손님이 많거나, 종업원의 서비스 통로가 좁아 식사와 이동에 지장을 초래하는 물리적 과밀은 좋지 않은 환경일 수 있다. 그러나 똑같은 상황에서의 심리적 과밀은 레스토랑의 운영자나 손님 입장에서 음식 수준 평가의 기준이 되는 필요한 과밀일 수 있다.

여유로운 좌석의 식사공간

꽉 찬 좌석으로 붐비는 레스토랑

■ 레스토랑의 시대감성

미식의 시대, 문화와 전통을 만나다

매스컴에서는 경기가 불황이고 소비는 위축되는 현실이 보도되지만 각종 포털사이트를 통해 맛집 검색을 하면 지역별 맛집 추천이나 레스토랑에 관련된 사진과 글이 넘쳐난다. TV에서 맛집이 소개되면 게시판에는 문의하는 댓글이 넘쳐나고, 직접 다녀와 사진을 올리는 사람들도 많다.

사람들은 왜 레스토랑을 찾는 것일까? 레스토랑은 'De Restaurer'라는 기력을 회복시킨다는 뜻에서 유래하였고, 집에서 먹는 내식內食과 구별되며, 밖에서 일을 하거나 이동하는 데 필요한 기본적 식사를 제공하는 장소로 출발하였다. 하루에 세 끼를 먹는다면 1년에 1,095끼를 먹는다. 생존을 위해 배를 채우던 본능의 시대에서 1980년대 말 이후 외국의 프랜차이즈 외식업체가 개방되어 국내에 들어오고, 경제적, 문화적 수준이 높아지면서 다양한 콘셉트의 레스토랑이 퍼지기 시작한 1990년대와 2000년대를 거쳐 이제 더 이상 현대인들에게 레스토랑은 일상적인 식사만을 위한 기능적인 공간이 아니다. 특별한 날을 기념하거나 새로운 나라의 음식을 맛보기 위해, 최상의 서비스를 경험해 보기 위해 방문하는 장소가 되었다. 방문 목적이 다양해짐에 따라 레스토랑으로부터 만족을 느끼는 기준이 다양해졌고, 이에 따라 가격이 비싸더라도 맛있는 음식, 쾌적하고 아름다운 환경, 개인의 취향에 맞는 분위기, 수준 있는 서비스 등 여러 가지 욕구를 충족시켜 준다면 기꺼이 비용을 지불할 수 있는 미식의 시대가 온 것이다. 미식의 시대는 음식을 섭취하는 단계에서 자신의 지위를 표현하는 시대를 거쳐 음식을 통해 문화를 받아들이는 만족의 시대로 발전하고 있다.

선진국에서는 이미 정착한 여행상품이지만 최근 한국의 여행사들도 미식여행gourmet tour 패키지 상품을 판매하고 있다. 음식문화를 즐기는 소비층이 늘고 있다는 증거이다. 이렇듯 전 세계적으로 음식이 문화산업으로 자리 잡아 가는 가운데 각 나라의 전통과 연결된 새로운 콘셉트의 레스토랑이 속속 문을 열고 있다. 역사가 오랜 유럽의 레스토랑들은 음식을 소비하는 공간이라기보다는 문화를 체험하는 공간으로서의 측면을 중요시해 왔다. 이러한 움직임은 아시아권에서도 강하게 나타나고 있는데 일본 교토의 400년 전통 일식당 효테이는 창업정신을 잃지 않고 선조 대대로 이어온 자부심을 지키는 고급 가이세키 요릿집이다. 효테이의 14대 주인인 다카하시 에이이치는 효테이

음식문화의 시대적 발전단계
출처: 츠지 요시키(2010). 세계를 움직이는 미식의 테크놀로지.

만의 색깔을 지켜온 것이 성공비결이라고 하면서 효테이가 중시하는 것은 음식을 그릇에 담아내는 전통의 방법이라고 말한다. 소박하면서도 우아한 그릇을 선택하고 계절감을 담고 오행의 색으로 색채감을 살리며 같은 조리법으로 만든 요리라도 균형 맞춰 담기 등 모든 면에서 겸양과 여백의 아름다움을 표현하는 미식 테크놀러지를 기본으로 삼는다고 한다. 효테이만의 미학이란 일본 전통공간에서 일본만의 생활문화, 서비스 방식 등이 어우러지고 음식 자체에도 일본의 계절감과 문화가 녹아든 아름다움으로 효테이의 전통을 느끼게 하는 것이다. 이러한 'ㅇㅇ다움'이 전통 그대로 혹은 현대적으로 새롭게 해석하여 고객에게 시각적 즐거움뿐만 아니라 옛것에 대한 숙연함, 경이로움 등의 감성을 자극하는 것이 오늘날의 레스토랑에서 새롭게 요구되는 시대감성의 미학인 것이다. 그 어떠한 이야기보다 사람에게 감동을 줄 수 있는 이야기와 힘을 가진 것이 전통이기 때문이다.

공간의 이야기, 디자인으로 풀어내다

레이 올덴버그Ray Oldenburg는 '제3의 장소'란 집도 아니고 직장도 아닌 살롱이나 펍 같이

일본 전통 공간 특성이 반영된 일식당
출처: http://www.superpotato.jp

타이 전통이 표현된 아시안 레스토랑

사람을 만나 세상 돌아가는 이야기를 나누고 어울리던 교류의 공간이자 작은 공동체의 장으로 설명하고 있다. 현대에서 제3의 공간은 레스토랑일 수 있다. 레스토랑은 고객에게 좋은 느낌을 주고, 고객들이 이를 기억하고 추억하며 재방문하도록 유도하는 전략이 필요하다. 오늘날의 소비자는 많은 소비경험과 학습을 받아 왔고 발달한 정보통신매체를 통해 다양한 정보수집이 가능하다. 고객들은 레스토랑을 방문하기 전에 이미 많은 정보를 가지고 있으며 검색을 통해 자신의 레스토랑을 선택한다. 따라서 음식은 물론 공간 자체가 상품이 되어야 한다. 명확한 콘셉트로 무장하고 콘셉트를 시각화하여 고객의 오감을 자극할 수 있어야 하며 소설이나 영화처럼 감동과 기억이 있고 이야기가 있는 레스토랑이면 더할 나위 없이 좋을 것이다.

그렇다면 소비자의 오감 중 시각을 자극할 수 있는 공간은 어떤 것일까? 과거의 디자인으로는 더 이상 시각적 관심을 끌 수 없다. 스타일리쉬한 디자인, 트렌디한 디자인이 넘쳐나기 때문이다. 이 문제를 해결하기 위해 필요한 것은 콘텐츠와 스토리의 구성이며, 이것들은 고객에게 감동을 주는 하나의 토탈 이미지로 시각화되어야 한다. 문화, 전통, 역사 등의 스토리를 풀어내고 이를 중심으로 공간, 음식, 서비스가 함께 조직되어 완성도 있는 결과물로 펼쳐질 때 고객의 눈과 마음을 사로잡을 수 있을 것이다.

트렌디한 실내의 프렌치 레스토랑
출처: 롯데호텔 홈페이지

전통을 새롭게 해석한 한식 레스토랑
출처: 롯데호텔 홈페이지

■ 레스토랑의 감성디자인 방향

레스토랑에 숨어 있는 공간감성, 정답은 없다

최근 몇 년 사이 레스토랑에서는 패션 브랜드를 런칭하듯 유명 디자이너의 레스토랑이 소개되고 있다. 물론 새로운 디자인들은 언제나 뜻하지 않는 즐거움을 선사하지만 항상 그런 것은 아니다. 비록 작은 규모의 소박한 밥집이라도 소비자가 편안하고 만족한다면 감성공간으로서의 역할을 충실히 한다. 뉴욕에는 오리엔탈 레스토랑 '타오Tao'와 '스파이스 마켓Spice Market'이 있다. 이들은 태국음식을 기저로 하는 아시안 퓨전 레스토랑으로 동남아시아의 불상과 사원을 그대로 옮겨 놓아 이색적이고 독특한 분위기를 자아내고 있다. 뉴요커들이 열광하는 오리엔탈 스타일의 공간으로 이질적인 문화에 대한 새로운 호기심을 자극하고 있다. 그러나 그 안에 깃든 동남아시아의 문화를 이해하고 공간 감성을 즐긴다기보다는 유행하는 인테리어 스타일에 호기심을 가지고 있지 않나 하는 생각을 지울 수 없다. 과연 아시아의 음식과 식사공간이 그들에게 어떤 의미로 다가서는 것일까? 사람들에게 음식을 먹는 장소가 중요한 것은 특정 음식과 그 문화적 배경에 담긴 의미가 공간에 담겨 있기 때문이다. 소박하지만 몇 대에 걸친 전통의 맛이 살아 있는 공간, 음식에 따른 식문화 지식을 얻을 수 있는 공간 등 콘텐츠보다는 겉으로 드러나는 스타일과 분위기가 압도하는 레스토랑이 성행하고 있는 것은 소비자가 레스토랑을 통해 그 나라의 문화를 이해하려는 것보다 일시적인 유행이나 트렌드에 따라가기 때문이 아닐까? 이것도 음식문화에서 하나의 식민화일 수 있다.

공간감성은 측량화, 계량화가 힘들고, 접하는 이들의 다양한 배경지식과 경험에 따라 다르게 수용되고

동남아시아 사원 분위기의 레스토랑 Spice Market 내부
출처: http://www.spicemarketnewyork.com/

타이의 종교문화가 표현된 아시안 레스토랑 타오 내부
출처: http://www.taorestaurant.com

해석될 수 있어 모두의 감성을 만족시키는 디자인은 있을 수 없다. 따라서 대중은 디자이너의 철학과 개성, 기업의 마케팅 전략에 의해 식민화되기 쉽고 수동적으로 반응하게 되는 경우가 많다. 명성 있는 디자이너, 기업 투자자, 스타 쉐프의 운영 등으로 매스컴을 통해 유명세를 탄 레스토랑을 방문해 보면 고가의 인테리어와 테이블 세팅, 멋진 음식으로 사람들의 시선을 한눈에 사로잡는다. 그러나 고객은 이러한 트렌드보다는 본인에게 맞는 레스토랑을 선택하는 것은 물론 본인의 감성을 만족시켜 주는 레스토랑을 선택한다. 트렌디한 강남중심가의 고급 레스토랑? 70년대 통기타 음악의 향수가 남아 있는 명동의 음악카페? 레스토랑에 숨어 있는 공간감성에는 정답이 없다.

기업 레스토랑, 감성공간 마케팅이다

마크 고베Marc Gobe는 스타벅스가 커피만을 파는 장소가 아닌, 커피를 마시면서 즐겁고 친밀한 분위기를 느낄 수 있는 감성적 장소가 된 것이 스타벅스의 성공비결이라고 하였다. 최근 세계 주요 도시마다 명품브랜드의 플래그십 스토어가 생겨나고 있다. 현대의 라이프스타일과 마케팅 전략이 구현된 플래그십 스토어는 브랜드 아이덴티티의 구축을 위한 실험적이고 조형적 공간 디자인을 통해 디자인 트렌드를 선도하며 고객에게 체험을 통해 브랜드의 콘셉트를 전달하고 있다. 레스토랑도 예외가 아닌데, 기업이 레스토랑을 통해 토탈 라이프스타일을 선보이거나 회사의 제품을 고객에게 소개하는 공간으로 레스토랑을 오픈하고 있다. 한국은 위니아 만도의 비스트로디 Bistrp D, 일본은 시세이도 화장품의 로지에 L'osier가 대표적이다. 비스트로디는 김치냉장고 딤채로 유명한 위니어 만도가 오픈한 레스토랑, 카페, 요리서적 도서관으로 구성된 복합문화공간으로 실제 딤채를 곳곳에 전시하여 직접 식음료를 보관하고 고객이 체험할 수 있는 새로운 콘셉트의 쇼룸 레스토랑이다. 도쿄 긴자에 위치한 프렌치 레스토랑 로지에는 레스토랑 평가지 미슐랭 가이드에서 3년 연속 별 세 개를 받은 최고급 레스토랑이다. 고급 화장품으로 쌓아 온 회사의 이미지와 일관성 있게 연결되는 공간과 음식, 테이블 세팅, 푸드 스타일링이 고급스러운 품격을 나타내는 감성공간 레스토랑이다.

레스토랑의 공간감성, 토탈 코디네이션으로 접근하다

21세기에 들어서면서 레스토랑을 선택하는 과정은 관련 책자나 전문 웹사이트를 통해

위니아 만도의 복합문화공간 Bistro D
출처: http://blog.naver.com/antimus

시세이도 사의 레스토랑 L'osier
출처: http://losier.shiseido.co.jp

식당을 추천받는 단계를 거쳐, 최근에는 블로그의 사진과 글을 통해 자세한 정보를 얻는 시대가 되었다. 정보를 찾은 후, 레스토랑을 선택하는 행동에는 음식 맛에 대한 평가가 가장 중요한 인자로 작용한다. 오장동 함흥냉면, 장충동 족발, 신당동 떡볶이, 춘천 닭갈비 등은 가까운 번화가를 찾거나 혹은 인터넷과 TV 홈쇼핑을 통해 배달받을 수 있게 된 맛이지만, 원조를 찾아가고, 골목을 찾아가는 이유는 거부할 수 없는 미각에 대한 복종이다. 그러나 외식의 트렌드가 바뀌고 도심 재개발로 인해 향수의 음식골목들이 사라지면서 미식을 찾아 헤매는 사람들에게 과연 어떠한 레스토랑이 매력적으로 다가갈 것인가?

레스토랑의 디자인은 공간을 구성하는 개별요소의 조형성, 심미성보다는 메뉴와 콘셉트를 일관성 있게 전달해 주는 통합 디자인이 보다 강력하게 고객에게 전달된다. 통합 디자인이란 가치와 상품의 통합, 소비자 생활과 공급자 솔루션의 통합, 전략과 미학의 통합, 옛것과 새것의 통합, 가치생산과 가치소비의 통합이며, 이는 토탈 코디네이션 개념과 일맥상통한다. 레스토랑 토탈 코디네이션은 전략적인 시나리오 구성과 콘셉트를 수립한 다음, 음식 및 디자인 구성요소의 일관화와 통합화로 고객에게 레스토랑의 단일화된 이미지를 각인시키는 작업이다. 그 과정과 단계에서 고객의 감성을 자극하여 감동시킬 수 있으며 나아가 고객에게 그 레스토랑에 대한 충성심을 불러일으키게 된다. 레스토랑에서 고객은 음식을 통해 쉐프와 교감하고, 공간을 통해 디자이너와 교감

신당동 즉석떡볶이 원조 마복림 할머니집

장충동 족발 골목

전통을 현대화하여 토탈 코디네이션된 한식 레스토랑
출처: http://www.bistroseoul.com

하며, 음식문화를 통해 새로운 라이프스타일을 체험하면서 새로운 시각과 만족감을 형성할 수 있다.

높아지는 생활수준과 정보의 다양화에 따라 지금의 시대는 고객이 새로운 문화를 수용하고, 이상적인 집단에 속하기 위해 기호를 소유하며, 이를 통해 정신적으로 동기화되는 경험을 얻고, 더 나아가 '정신적 교감'을 원하는 시대이므로 디자이너의 창조성과 타협하거나 식민화되지 않도록 화려하거나 트렌디한 것에 흔들리지 않게 스스로 세운 가치와 기호 그리고 품위를 지킬 수 있는 판단력으로 무장해야 한다. 그것이 진정으로 원하는 감성공간 레스토랑을 선택할 수 있고 정신적 교감도 느낄 수 있는 방법이다.

참고문헌

권영걸 외(2011). **공간디자인의 언어**. 서울: 도서출판 날마다.

김선영(2009). **창의성 개발을 위한 디자인 교육 콘텐츠**. 서울: 집문당.

박명희 외(2006). **생각하는 소비문화**. 교문사.

백승경 외(2005). 생태요소를 적용한 감성공간유형에 관한 연구. **한국실내디자인학회논문집**, 14(2).

오창섭(2006). **9가지 키워드로 읽는 디자인**. 세미콜론.

유니타스 브랜드(2010). SESON II - 브랜드와 트렌드, 18.

이지현(2011). **레스토랑 토탈 코디네이션에 관한 연구**. 박사학위논문. 경희대학교.

조동성 · 김보영 저(2006). **21세기 뉴 르네상스 시대의 디자인 혁명**. 서울: 한스미디어.

츠지 요시키 저, 김현숙 역(2010). **세계를 움직이는 미식의 테크놀로지**. 중앙 books.

크리스티안 미쿤다(2011). **마음을 훔치는 공간의 비밀**. 파주: 21세기북스.

홍성용(2009). **스페이스 마케팅 시티**. 서울: 조인스랜드.

Donald A. Norman 저, 박경욱 외 역(2006). **감성디자인**. 서울: 학지사.

Marc gobe 저, 이상민. 브랜드 앤 컴퍼니 역(2002). **감성디자인 감성 브랜딩**. 서울: 김앤김 북스.

Part | four

감성으로 빚어내다,
생활용품

Chapter 9

감성공학의 완성, 가구

가구는 공간에 놓여 공간의 용도와 공간을 사용하는 사람의 행동을 규정하며 실내공간이 바닥, 벽 천장의 밋밋한 평면임에 비해 입체적 조형물의 역할을 수행한다. 가구는 특정 시대나 사람들의 문화와 가치관, 미의식, 기술 등을 실용적 형태로 구현하면서 고대로부터 다양한 발전의 과정을 거쳐 현재에 이르고 있다. 최근에는 인체공학을 넘어서 소비자의 감성이나 이미지를 표출하기 위한 감성공학(Sensibility Ergonomics)적 가치가 가구의 급격한 변화를 주도하고 있어 또 하나의 도약이 이루어지고 있다. 여기에서는 고대 ~ 산업혁명 이전의 시대적 의자, 산업혁명 이후 ~ 20세기 후반의 인체공학이 중요시된 기능적이며 이성적인 의자, 그리고 20세기 후반 ~ 현 시대의 인체공학을 넘어 '감성'이 중요시 된 가구에 대해 알아보자.

감성공학의 완성, 가구

■ 1980년대 이전의 가구

고대 ~ 산업혁명 이전의 시대적 가구

산업혁명으로 대량생산이 가능해지기 이전에 가구를 사용할 수 있는 계층은 최고 권력자들에 국한되는 일이었고 대중에게는 혜택이 돌아가지 않았다. 그 디자인은 인체공학보다는 권위의 과시나 종교적 목적에 의해 과도한 크기와 장식이 덧붙여졌다.

그러나 루이 14세를 이은 루이 15세 시대에는 전 시대와는 달리 인체에 적합한 크기와 섬세하고 우아한 곡선의 로코코 양식이 탄생하였고 이를 계기로 가구는 새로운 방향으로 발전하기 시작하였다. 이는 루이 16세의 네오클래식과 영국 죠지안 시대의 유명한 가구 제작자 3인인 Chippendale, Hepplewhite, Sheraton의 가구로 이어졌으며 이로써 의자의 고전적 기틀이 완성되었다. 이들 의자의 경우 현재에도 전 세계적으로 많은 수요와 공급이 활발히 이루어지고 있다.

이집트 Tutankhamun왕

중세 Dagobert I세

바로크 루이 14세

로코코 루이 15세

네오클래식
루이 16세

죠지안 시대
헤플화이트

산업혁명 이후 ~ 1980년대의 이성적 가구

18세기 중반 영국에서 일어난 산업혁명은 기계의 발명과 철이나 유리 등 새로운 재료의 사용, 그리고 '형태는 기능을 따른다 form follows funtion'는 극도의 기능주의적인 사고가 지배하게 되면서 가구에도 또 다른 변혁이 시작되었다. 과거의 양식적 모방을 배제하고 단순한 디자인과 견고한 구조 등 기능적인 아름다움을 추구한 아트 앤 크래프트Art & Craft 운동이 처음 영국에서 그 시작을 알렸고 바로 식물의 유기적인 곡선과 기하학적 형태를 기본으로 한 아르누보Art Nouveau 운동이 유럽 곳곳에서 일어났다. 이 중 영국의 맥킨토쉬Charles Rennie Mackintosh는 그만의 독특한 스타일을 창조함으로써 선구자적 역할을 담당하였다. 여기에 네델란드에서 일어난 데 스틸De Stijl 운동은 입체파의 직선과 평면, 삼원색으로 이루어진 추상미술을 조형예술에 전개시켜 역시 직선과 평면, 삼원색의 기하학적 추상이 조형의 중심이며 가구에서는 게릿 리트벨트Gerrit Rietveld의 '레드/블루 의자red & blue chair'가 대표적이다.

아트 앤 크래프트 윌리암 모리스(William Morris)의 chair(1860)는 분리되는 쿠션과 등받이 각도가 조절된다.

아르누보 멕킨토시의 argyle chair(1898)는 수직선에 자연곡선이 주이다.

데 스틸 red & blue chair(1918)는 숨김없는 구조의 면, 선, 삼원색만을 사용하였다.

이상과 같은 여러 운동을 거쳐 새로운 기능과 형태를 제시하기 시작한 가구는 독일에서 설립된 미술·공예학교 바우하우스Bauhaus에서 일체의 장식을 배제하고 기능에 몰입하게 된다. 이는 새로운 재료인 철, 가죽, 유리 등을 가구에 사용한다는 새로운 시도로 더욱 박차가 가해졌고 이를 통한 수평과 수직 등 직선적 구성의 편하고 기능적인 새로운 의자의 형태를 창조할 수 있었으며 이들은 현대의자의 원형이 되었다.

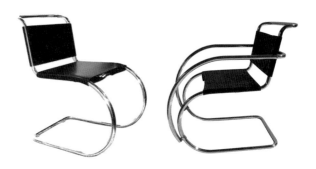

마르셀 브로이어(Marcel Breuer)의 wassily chair(1925) 강관과 가죽으로 구성된 걸작으로 좌석은 쿠션이어야 한다는 고정관념을 탈피하였다.

미스 반 데 로에(Mies van der Rohe)의 Mr chair와 Mr armchair(1927) 받침 없이 공중에 떠 있는 캔틸레버(cantilevered) 구조로 의자에 다리가 있어야 한다는 고정관념을 탈피하였다.

세계의 가구업계에서 스칸디나비아는 독특한 양식을 가진 지역으로 분류된다. 양질의 나무가 지천으로 널려 있는 스칸디나비아에서는 바우하우스가 제시한 금속구조가 아닌 성형합판 molded plywood: 원하는 형태로 자른 얇은 목재 단판을 쌓아 미리 만들어 놓은 형태에 넣고 고열로 성형한 합판을 금속의 대안으로 내놓았다. 나무는 금속과 달리 빛을 반사시키지 않아 심리적으로 안정감을 주며 저렴하게 생산될 수 있고 간결한 형태와 탁월한 기능으로 고유한 영역을 개척하였다.

알바 알토(Alvar Aalto)의 paimio chair(1931)와 lounge chair(1937) paimio chair(1931)는 wassily chair의 성형합판 버전으로 성형합판이 금속구조를 대체할 수 있음을, lounge chair(1937)는 성형합판으로 캔틸레버 구조가 가능함을 보여 주었다.

신소재의 등장으로 단순한 형태가 가능하게 된 가구업계에 제2차 세계대전은 또 하나의 신소재를 더하였다. 군수용으로 개발된 강화 플라스틱이 그것으로 가벼우면서도 자유로운 형태와 다양한 색채의 가구를 생산할 수 있었다. 이로써 하나의 매끈한 유기적 형태가 가능하였는데 이에로 사리넨^{Eero Saarinen}은 등받이와 좌판은 유리섬유, 다리는 알루미늄으로 구성된 tulip chair를 디자인하여 와인잔처럼 하나의 다리만으로도 의자가 서 있을 수 있음을 증명하였다. 그러나 이는 등받이와 좌판의 일체화에 그쳤다는 한계가 있다. 1960년 덴마크의 베르너 팬톤^{Verner Panton}은 강화 플라스틱^{fiberglass reinforced Polypropylene} 한 가지 용액을 금형 안에 넣고 한 번에 사출 성형하여 등받이, 좌판, 다리까지 일체가 된 캔틸레버식 의자를 생산함으로써 또 한 번의 변혁을 이루어 내었다.

tulip chair 등받이와 좌판은 플라스틱, 다리는 알루미늄으로 하나의 다리만으로 의자가 서 있을 수 있음을 증명하였다.

panton chair 당시의 캔틸레버 의자는 압력을 견디지 못하고 주저앉아 받침대가 강화된 후 오늘날에 이르고 있다.

■ 1980년대 이후의 감성적 가구

20세기의 화두였던 '형태는 기능을 따른다^{form follows funtion}'는 이성적 사고는 20세기 후반에 들어서면서 인간의 감성이 결여되어 있음이 지적되었다. 진정으로 소비자가 원하는 가구는 소비자의 감성을 자극하거나 감성공학을 충족시키는 가구이다. 감성공학이란 인간의 감성을 과학적으로 발달시킨 학문이며 이를 구체적인 물리적 요소로 전환해 설계하는 것이 감성공학적 디자인이다. 이는 소비자의 정서적 만족이라는 개념의 중심에 '감성'을 위치시키고 디자인의 목표나 평가를 경제 원리가 아닌 인간 중심의 가치에 두는 것이다. 가구에 대한 감성공학적 가치는 직관적 가치-실용적 가치-정서적 가치로 분류할 수 있다. 직관적 가치는 가구의 외관에서 전해지는 첫 인상이다. 가구의 물리적 특성인 형태, 재료, 구조, 색채 등에서 사용자의 감각적 호기심을 유발하는지의 여부를 말한다. 실용적 가치는 가구를 사용해 보고 깨닫게 되는 가구의 실용성이다. 또한 가구가 얼마나 유용한지의 효용성, 가구의 역할을 잘 수행하는지의 기능성, 가구의 작동과 원리를 쉽게 이해할 수 있는지의 사용성을 말한다. 정서적 가치는 가구에 대한 사용자의 개인적 인지 및 이해, 그리고 가구와의 감정 교류 등이다. 또한 훌륭한 예술품을 감상할 때 일어나는 관객의 심적 반응과 같은, 가구가 지니고 있는 고유의 의미가 있어야 하며 소비자와의 소통이 가능한 가구를 말한다. 이들 세 가지가 종합된 가구는 기술 중심의 하이테크high-tech적 기능을 갖추고 인간의 감성과 공감까지도 이끌어 내는 하이터치high-touch적 고감도 가구이다. 여기에서 하이터치의 핵심은 소비자의 감성이며 가구에 나타난 감성의 테마는 친환경eco, 재미와 즐거움fun & enjoyment, 향수nostalgia, 상호작용interaction으로 정리할 수 있다.

하이터치[high touch]

우리의 사회는 논리적 능력을 요구하는 하이테크 시대로부터 공감하는 능력, 큰 그림을 그리는 능력이 필요한 하이터치 시대로 이동해 가고 있다. 다니엘 핑크는 『새로운 미래가 온다』에서 하이터치 시대에 필요한 능력을 다음과 같이 설명하고 있다.

1. 기능만으로는 안 된다. 디자인으로 승부하라.
2. 단순한 주장만으로는 안 된다. 스토리를 겸비해야 한다.
3. 집중만으로는 안 된다. 조화를 이루어야 한다.
4. 논리만으로는 안 된다. 공감이 필요하다.
5. 진지한 것만으로는 안 된다. 놀이도 필요하다.
6. 물질의 축적만으로는 부족하다. 의미를 찾아야 한다.

사람들은 자신에게 예술적 감각이 부족하다고 말한다. 그러나 사람들은 말을 할 수 있는 것과 같이 하이터치 능력을 개발할 수 있는 잠재력도 가지고 있다.

친환경eco 가구

전 세계적으로 환경문제가 대두되고 있는 오늘날, 지구를 살리려는 노력에서 가구도 예외일 수 없다. green, sustainable, organic 등으로도 불리는 친환경은 우리 모두의 문제이며 이것을 실천하려는 노력은 좁게는 자신의 환경을 화학물에 노출되지 않게 하려는 목적과 넓게는 지구를 살리는 데 한몫을 하겠다는 목적이 있을 수 있다. 가구에서 친환경하면 대부분 나무로 만들어진 가구를 생각하지만 제조과정에 공업용 접착제나 부산물이 들어가면 친환경 가구라 할 수 없다. 친환경 가구는 환경파괴가 없어야 한다, 생산할 때 유독성 물질이 나오지 않아야 하고 버렸을 때 주변을 손상시키지 않고 조속히 분해되어야 한다. 여기에 더하여 디자인이 감동적이라면 감성을 울리는 진정한 친환경 가구가 된다. 이들 외에 남이 버린 물건을 그대로 재활용한 가구나 자연을 실내로 끌어들이는 가구도 간접적인 친환경 가구라 할 수 있다.

■ 환경파괴 없는 가구organic & sustainable

유독성 물질의 생성이나 환경파괴 없이 분해가 가능한 재료는 주로 나무 등 식물이며 이를 직접 가공한 가구와 이들로부터의 2차적 산물인 종이로 만든 골판지card board 가구로 나눌 수 있다. 산업사회 이전에는 참나무, 소나무, 호두나무 등으로 대변되는 나무가 가구의 주재료였고 당시에는 제작방법도 순수한 무공해였다. 그러나 산업사회 이후 화학적 공정을 거치면서 환경문제가 대두되었고 화학적 공정 없는 가구는 이 시대의 화두가 되었다. 이들 가구의 재료는 일반 나무 외에도 대나무나 등나무 등 예전부터 사용되던 재료는 물론 칡이나 코코넛잎, 부레

칡으로 만든 Pie Studio의 의자
출처: http://www.project importexport.com

등나무 프레임에 브레옥잠을 엮은 Pie Studio의 Daybed 출처: http://www.projectimportexport.com

수백개 코코넛잎의 심을 엮은 의자
출처: http://www.kezu.com.au

옥잠 등 지금까지는 사용하지 않던 식물의 줄기나 섬유를 적극적으로 개발하여
친환경 가구에 적용하고 있다.

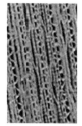   

카드보드 단면   프랭크 게리의 easy edges 시리즈

골판지는 종이이긴 하지만 그 구조로 인해 상당한 힘을 받는 까닭에 가구의 재료
가 될 수 있었다. 1971년 건축가이기도 한 미국의 프랭크 게리^{Frank Gehry}는 길게
잘라 수십겹으로 붙여 만든 골판지 가구 easy edges 시리즈를 발표하면서 그 가
능성을 알렸다. 비록 프랭크 게리의 가구는 대량생산하기에 부적합하여 소량만
생산하고 있으나 그 이후 골판지는 친환경 재료로 계속 사용되고 있고 지금은 골
판지 가구만 대량생산하는 회사도 있다.

가구회사 Paper Tiger의 스툴과 테이블 접는 방법으로 무게
를 견디도록 하였다. 출처: http://www.papertigerproducts.com/

주문 생산하는 chair 200개의 삼각형 구조를 자르고
붙여 완성한 안락의자 출처: http://www.lazerian.co.uk/

■ 버린 물건 재활용 가구 recycled & reclaimed materials

세상에는 살 물건도 많지만 버리는 물건도 많다. 버려진 물건은 모두 환경파괴의
주범이 된다. 언제부터인가 이들 버려진 물건을 가구로 재활용하는 운동이 일어났

고 그 아이디어는 각양각색이어서 버려진 목재, 드럼통, 폐타이어, CD, 스케이트 보드, 심지어는 비행기의 좌석이나 부품을 활용하기도 한다. 그러나 이들은 대부분 실험적 시도일 뿐 상품화는 거의 이루어지지 않고 있다. 그러나 테호 레미^{Tejo} ^{Remy}의 재활용가구는 대량생산은 아니지만 상품화되어 지속적으로 팔리고 있다.

Tejo Remy의 버린 옷가지와 서랍을 모아 끈으로 묶은 재활용 가구 및 버린 우유병 조명기구
출처: http://www.remyveenhuizen.nl/

한편 농촌에서 자라면서 조부모가 만들던 빗자루나 바구니 등의 다양한 손작업을 보고 자란 한국의 디자이너 이광호^{Lee, Kwangho}는 타작한 후 버려진 짚단을 벨트로 묶고 윗부분을 잘라내어 한국적 감성이 배어 있는 의자를 제작하였다. 또 이스라엘의 Gal Ben-Arav는 버려진 대나무 가지를 모아 알루미늄 프레임에 넣어 벤치를 만들었다. 이들은 모두 가공되지 않은 자연의 소재를 그대로 묶어 가구로 만들었다는 공통점이 있다.

버진 짚단으로 만든 이광호의 짚스툴(zip stool)
출처: http://www.kwangholee.com

버린 대나무로 만든 Gal Ben-Arav의 bamboo bench
출처: http://www.wix.com/

■ 자연과 함께하는 가구 green & nature

삭막한 도시생활에 지친 현대인에게 자연은 어머니와도 같은 안식처이다. 이를 실내에 도입하려는 다양한 시도는 위에서 소개한 버려진 자연재료를 그대로 재활용한 가구는 물론 인공과 자연을 융합한 가구를 통해 알 수 있다. 이탈리아의 안드레아 브란찌 Andrea Branzi는 자연 그대로가 드러난 가구는 애완동물처럼 집안에 가까이 두고 항상 즐길 수 있는 있다는 생각으로 domestic animals 시리즈를 제작하였고 이를 통해 우리의 생활환경이 보다 풍부한 의미의 장소라는 것을 주지시키고 있다. 안드레아 브란찌가 좌석에 현대적 기술을, 등받이에 자연을 적용하였다면 네델란드의 유르겐 베이 Jurgen Bey는 이를 반대로 적용하였다.

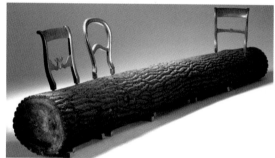

자연 자작나무 가지와 등걸을 인공으로 만든 좌석과 융합한 Andrea Branzi의 domestic animals 출처: www.andreabranzi.it

자연 통나무를 인공으로 만든 등받이와 융합한 Jurgen Bey의 treetrunk bench 출처: http://www.jurgenbey.nl

그런가 하면 식물이나 동물이 살아갈 수 있는 공간을 제공하여 생명의 성장 과정을 즐기도록 한 가구도 있다.

잔디가 자라는 Emily Wettstein의 테이블
출처: http://emilywettstein.tumblr.com/

식물, 동물이 함께 자라는 Martín Azúa의 의자
출처: http://www.martinazua.com/

재미와 즐거움 fun & enjoyment 을 주는 가구

시각, 청각, 촉각, 미각, 후각 등 오감을 통해 느끼는 재미인 'fun'은 결과나 보상을 기대하지 않고 그 자체만을 즐기는 능동적인 감성이다. 반면 즐거움인 'enjoyment'는 결과에서 만족이나 기쁨, 유쾌함 등을 기대하는 수동적인 감성이다. 예를 들어, 어떠한 행위가 지금 재미있지 않아도 그 행위의 끝에서 만족을 얻을 수 있다면 그 과정은 즐거운 행위가 된다.

■ 눈으로 재미있는 가구와 마음으로 재미있는 가구 fun

사람이 어떤 환경이나 물체에 직면하면 먼저 감각기관을 통해 표면적 형태와 색채, 질감 등을 인식하는데 이 과정에서 형태의 부조화나 예상되지 않은 조형을 보면 신경계가 흥분되고 이 흥분이 중추에 도달하여 순간 재미있다는 지각적 감정이 직접적으로 일어난다. 그러나 심리학에서의 재미는 생각과 사고를 요구하는데 사람이 어떤 환경이나 물체에 직면하면 그 인공물을 파악하기 위해 자신이 가지고 있던 정보를 꺼내어 비교해 보고 그 차이점을 찾아낸 후 이로 인한 심적 정체를 겪게 되며 어떠한 실마리에 의해 이들 정체를 해소할 때 재미있다는 인지적 감정이 일어난다고 한다. 이들 지각적 측면에서의 재미와 인지적 측면에서의 재미는 펀 fun 가구가 가지고 있어야 할 덕목이지만 두 가지를 동시에 가질 수도 있고 또는 어느 한편으로 기울어질 수도 있다. 캐나다의 Straight Line Designs Inc.는 지각적 재미를 위주로 한 가구를 생산하는 대표적 회사이다.

Straight Line Designs Inc.의 Judson Beaumont가 디자인한 한쪽 다리를 들고 소변보는 bad table, 가슴 부분이 뚫린 oops cabinet, 미키와 미니마우스를 형상화한 mickey and minnie cabinets 출처: http://www.straightlinedesigns.com/

지각적 재미와 인지적 재미를 동시에 가지고 있는 편 가구는 1980년 설립된 멤피스Memphis 그룹의 가구가 최초였다. 장식도 없이 기능만 강조된 이성적인 모더니즘으로는 더 이상 새로움을 발견할 수 없다고 주장한 그들은 가구를 포함한 오브제는 소정의 메시지를 전달하여 대중과 소통해야 하며 그 방법으로 다양한 재료와 색채를 사용한 유희적 감각의 추상적 형태를 추구하였다. 그들의 가구는 기하학적 형태에 강하고 화려한 색채와 패턴을 사용하고 장식도 마다하지 않으며 가구가 꼭 기능적이지 않아도 무방하다는 등 전 시대의 고정관념에 매이지 않았다.

Ettore Sottsass의 carlton과 casablanca 장은 수평/수직 구조라는 통념을 깨뜨린 가구

Michele de Lucchi의 lido sofa 다양한 재료/색채/패턴이 어우러진 의자

가에타노 페세Gaetano Pesce는 서로 다른 모습의 가구들을 통해 다양한 개성의 사람들이 모여 사는 현실을 파격적인 색상과 재료들로 표현하고 있다. 그는 종래의 의자 기능을 재해석하거나 첨단 재료와 구조에 대한 실험을 하면서 지금까지 나타난 가구와는 다른 새로운 디자인을 하고 있다.

New York sunrise 뉴욕의 빌딩들 사이로 태양이 떠오름을 표현한 의자로 하나하나가 각각의 역할을 하면서도 모이면 다른 의미가 된다는 메시지를 전하고 있다. 출처: http://www.gaetanopesce.com/

la mama 포장을 푸는 순간 10배로 부풀어 오른다. 어머니의 품 같지만 연결줄은 쇠고랑을 연상 출처: http://www.gaetanopesce.com/

위르겐 베이 Jurgen Bey는 세상에는 단 한 가지의 디자인만 있는가에 의문을 가지고 아무도 생각지 못했지만 사람들이 정말로 필요로 하는 것은 무엇인지? 그 감성을 찾아 디자인으로 옮긴다. 따라서 그의 디자인 결과물은 지각적 재미는 물론 사람들이 그것을 사용함과 동시에 왜 이것을 아무도 생각하지 못했었는지를 깨닫게 한다.

ear chair 긴 귀가 있어 사용자들만의 공간이 만들어지고 한쪽에 달린 팔걸이는 테이블의 기능을 한다. 항상 바깥쪽은 회색이고 안쪽은 실내의 색에 따라 바꿀 수 있다. 출처: http://www.studiomakkinkbey.nl/

　　젊은 작가들도 이에 동참하고 있는데 Oleksandr Shestakovych, Jeroen Wesselink, Daisuke Motogi가 그들이다. 이들은 우크라이나, 네덜란드, 일본 출신으로 국적도 다르고 경험한 문화도 다르지만 1978년 이후에 태어난 신예작가라는 점과 기존에 흔히 볼 수 있는 의자에 감성을 넣어 새롭게 해석함으로써 지각적 재미와 인지적 재미를 주고 있다.

arms chair(Oleksandr Shestakovych)
당신을 맞아 주는 손이 있는 의자
출처: http://shestakovych.com

radiator chair(Jeroen Wesselink)
실제 물이 순환하는 따뜻한 의자
출처: http: //jeroenwesselink.nl/

lost in sofa (Daisuke Motogi) 필요한 물건을 쿠션 사이에 수납할 수 있는 의자 출처: http://dskmtg.com/

■ 행동으로 재미있는 가구 enjoyment

즐거움인 enjoyment는 결과에 따르는 보상이나 만족을 기대하는 감성으로 가구에서는 성취감에 의한 즐거움이 거론된다. 이는 가구를 직접 만들거나 DIY가구를 조립하면서 느끼는 즐거움을 말한다. 가구를 직접 만드는 일은 외국에서는 흔한 일로 이를 위한 가게가 따로 있을 정도이다. 여기에서는 일정한 길이로 잘라 놓은 나무며 부품, 공구 등을 팔아 가구 만드는 일에 쉽게 도전할 수 있다. 한편 DIY가구는 세계 최대의 가구회사 IKEA가 대표주자이다. IKEA는 매장을 실제 집처럼 꾸며 고객에게 그 가구가 놓여 질 상황을 확인하고 구입하게 한 후 쉬운 조립으로 누구나 그 과정을 즐길 수 있게 한다.

실제 집처럼 꾸며 정보와 실체감을 제공하는
IKEA 매장 출처: http://www.ikea.com/

사용자가 매뉴얼을 보고 원하는 가구를 직접
만드는 DIY과정 출처: http://www.ikea.com/

기대감을 가지고 즐겁게
조립한 완성품
출처: http://www.ikea.com

향수 nostalgia에 젖게 하는 가구

"넓은 벌 동쪽 끝으로 옛이야기 지즐대는 실개천이 휘돌아 나가고, 얼룩배기 황소가 해설피 금빛 게으른 울음을 우는 곳", "엄마 어렸을 적에는 ……" 등 고향이나 지나간 추억이 그리워지는, 그런 감성을 자극하는 것이 향수이다. 향수를 일깨우는 가구란 어떤 것일까? 내 부모님 그 이전부터 쓰던 오래된 가구? 그것일 수도 있다. 고향을 생각나게 하는 가구? 그것일 수도 있다. 여기 향수에 젖게 하는 가구가 있다.

■ 내 부모님 그 이전부터 쓰던 오래된 가구

서양에는 오랜 가구의 역사가 있다. 그중 로코코 스타일의 의자는 서양인에게 매우 친근하고 익숙한 가구이다. 프랑스의 필립스탁 Philippe Starck은 기발하고 다재다능한 작업과 해학적인 디자인으로 특화되어 있는데 그중 시대적인 의자를 재해석하거나 이를 현대의 재료로 탈바꿈시킴으로써 대중에게 다가가는 그만의 스타일을 개발하였다.

louis ghost chair 프랑스 로코코 양식의 의자를 형태는 그대로 두고 투명 플라스틱으로 재료를 바꾸어 프랑스인은 물론 서양인의 고전적 향수를 불러일으킨다. 출처: http://www.starck.com/

또한 알레산드로 멘디니 Alessandro Mendini는 오래된 고가구에 장식을 가하여 리디자인 redesign 함으로써 대중과 교감하고 있다. 그의 장식은 사물의 본질을 바꾸는 효과가 있는데 즉, 선명하고 밝은 색과 패턴을 오래된 가구나 일반적인 가구 표면에 빽빽이 채워 넣음으로써 구태의연한 형태에 생기를 띄게 하고, 새로운 의미로 다시 태어나게 한다.

proust armchair 고가구에 삶의 의미를 회상할 수 있는 기억의 조각인 색점으로 리디자인한 의자

kandissi sofa 칸딘스키의 2차원 회화를 3차원의 의자에 투입시키고 독특한 면 분할과 컬러로 리디자인하였다. 출처: http://www.ateliermendini.it/

■고향, 그리고 어머니를 생각나게 하는 가구

고향을 생각하면 어머니가 생각나듯이 향수는 고향일 수도, 또 어머니일 수도 있다. 마르셀 반더스Marcel Wanders의 '매듭 의자knotted chair'는 노끈을 여러 가닥으로 묶어 놓아 중세시대 농민이 만들어 쓰던 물건 같기도 하고 서양 어머니들의 매듭공예 같기도 하다. 이는 에폭시 수지를 노끈에 흡수시켜 굳히면 무게는 차이가 없으면서도 단단해진다는 기존의 상식적 기술을 창조적으로 적용하여 실험적이면서도 독특한 디자인을 내놓았다.

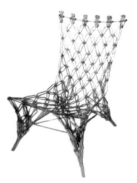

knotted chair 끈으로 제작한 가볍고 튼튼한 의자. 서양 어머니들에 대한 향수가 있다.
출처: http://www.marcelwanders.com/

매듭의자 obsession 1.5km의 가는 고무호스로 하나하나 엮어 완성한 의자. 어머니가 떠 주시던 스웨터의 추억과 향수가 배어 있다. 출처: http://www.kwangholee.com/

서양에 마르셀 반더스가 있다면 한국에는 이광호Kwangho Lee가 있다. 그는 어머니가 떠 주시던 스웨터의 추억과 향수가 배어 있는 매듭의자를 한땀한땀 손으로 제작하였다. Eco가구에서 언급한 그의 짚스툴zip stool도 한국 농촌에 대한 향수를 불러일으키는 대표적 가구이다.

또 한 사람의 한국 디자이너 하지훈Jihoon Ha은 북유럽에서 공부한 영향으로 엄격하고 사색적인 북유럽의 가구 스타일과 한국 전통이 지니고 있는 미학적 요소 또는 소반, 돗자리, 채상, 나전칠기 등의 한국적 소재를 접목시켜 조용하고 진지한 가구를 디자인한다. 자리^{jari}는 한국의 멍석이나 돗자리를 재해석하여 우리의 좌식문화와 돗자리의 짜임은 그대로 유지하되 의자의 기능은 가지고 있는, 다른 나라 사람은 흉내 낼 수 없는 디자인을 탄생시켰다. 그러나 이는 서양 사람들도 이해하고 좋아하는 가구로 좋은 디자인에는 동서양이 따로 없다는 진리를 일깨워 준다.

jari - floor mat 말아서 또는 펴서도 쓸 수 있는 자리에 대한 한국인의 향수와 감성을 표현하였다. 출처: http://www.jihoonha.com/

상호교류^{interaction}가 가능한 가구

인터랙션은 군집이나 개체군에서 볼 수 있는 생물 사이의 상호관계, 즉 생물 사이의 직접적인 활동을 말하지만, 환경을 매개로 하여 서로 작용하는 작용–반작용계를 포함하

시스템 부엌가구

시스템 가구는 산재하는 각각의 가구나 용구를 종합적 계획에 의해 공간과 조합하여 재구성하고 시스템화한 가구를 말한다. 이는 대부분 모듈화된 각각의 유닛으로 구성되고 사용자는 이들 유닛을 자신의 공간에 맞도록 조합하며 유닛을 늘려 갈수록 규모는 커진다. 현대에서 시스템가구의 활용은 오피스와 부엌에 집중되어 있다. 부엌은 공학과 미학, 혹은 시스템과 디자인이 접목된 공간으로 박스 형태의 직각 캐비닛 시스템과 여기에 필요한 가전제품들을 더하여 공간의 크기와 형태를 따라 재구성한다. 그러나 최근 부엌가구의 형태 또한 곡선화하거나 친환경에 집중하는 등 기능을 넘어 감성에 호소하고 있다.

Zaha Hadid의 미래 부엌 Z-Island
출처: http://www.zaha-hadid.com/

친환경 부엌시스템 ekokook
출처: http://www.ekokook.com/

는 보다 넓은 의미일 수 있다. 가구에서의 인터랙션은 한 사람의 사용자가 가구와 단독으로 교류하는 가구-사용자 상호교류, 여러 사람이 가구와 교류하는 가구-사용자-사용자 상호교류, 사용자와 가구가 교류하고 다시 공간과 교류하는 가구-사용자-공간의 상호교류로 나눌 수 있다. 이들은 모두 사용자가 직접 가구를 옮겨 원하는 대로 조합하는 등 사용자의 적극적인 참여에 의해 가능해진다. 오피스 가구나 부엌 가구를 중심으로 개발된 시스템 가구는 가구와 사용자 인터랙션의 시효라 볼 수 있으나 이들 가구는 사용자가 간단한 방법으로 가구의 형태를 바꾸거나 조합할 수 없어 가구 자체를 통한 인터랙션은 아니다.

■ 가구-사용자의 상호교류

가구는 대부분 출시된 상태로 지정된 장소에 놓인다. 그러나 가구가 사용자의 참여에 의해 자유롭게 변형될 때 가구는 사용자와 교류하게 된다. 이는 가구의 최종적인 형태와 기능, 구조를 사용자에게 맡겨 두는 것이다. 이미 1971년 조 콜롬보 Joe Clombo가 디자인한 multi chair 는 가구-사용자의 상호교류를 위한 감성의자라 할 수 있다.

multi chair 가죽끈으로 연결된 몇 개의 쿠션을 조작하여 앉기, 기대기, 눕기 등의 다양한 자세를 취할 수 있다. 출처: http://www.connox.com/

일본의 우치다 시게루 Uchida Shigeru는 1968년 쌀겨가 든 일본 베게에서 착안해 사용자가 원하는 대로 형태를 바꾸는 freeform chair를 개발하였고 이로써 의자는 다리와 좌석, 등받이가 있어야 한다는 통념이 바뀌게 되었다. 그 후 이 의자는 쌀겨가 아닌 말린 콩이나 가벼운 스티로폼 알갱이를 넣고 이름도 빈백 bean bag으로 상용화되었다. 한편 설치미술을 방불케 하는 가구로 유명한 토쿠진 요시오카 Tokujin Yoshioka는 예술과 디자인이 다르지 않다는 그의 철학을 venus-natural crystal chair로 증명하였다. 2010년에 발표한 memory chair는 또 하나의 설치미술 가구이다.

bean bag chair 사용자가 원하는 자세에 따라 형태가 변하는 의자. 청바지감 등 다양한 재료로 생산된다.
출처: http://www.beanbags.com/

memory chair 앉거나 만지면 자유롭게 구겨져 원하는 형태를 만들 수 있는 알루미늄 소재의 의자.
출처: http://www.tokujin.com/

조르지오 카포라소 Giorgio Caporaso는 2009년과 2010년 모듈화된 퍼즐 형태의 수납장 more와 직육면체 유닛의 mattoni를 발표하였다. 이는 모두 특별한 도구의 사용 없이 끼우거나 쌓는 간단한 방법만으로 무한한 조합이 가능하며 사용자의 아이디어에 따라 자유롭게 변형된다. 이것이 enjoyment와 다른 점은 하나의 유닛이 이미 만들어져 있다는 것이며 그 조합 과정이 단순하다는 것이다.

more 얇은 정사각형 유닛을 조합하여 원하는 두께와 형태를 만들 수 있다. 카드보드지로도 생산 가능하다.
출처: http://www.caporasodesign.it/

mattoni 직육면체 유닛의 다양한 조합으로 벽이나 파티션은 물론 책장, 장식장 그리고 의자로도 사용 가능하며 식물을 넣어 키울 수도 있다.

한편 율리안 아펠리우스 Julian Appelius는 어려서부터 학습된 개인의 인식으로 환경을 해석하고 또 환경에 의해 인식이 변화될 수 있다는 사실에 주목하고 환경에 대한 학습을 놀이와 결합시킨 개념적 가구를 디자인

pinocchio chair 발달단계에 따라 어린이 스스로 다양하게 구성할 수 있는 의자. 놀이를 통해 가구와 교류하면서 다양한 학습이 가능하다.
출처: http://www.julianappelius.de/

하고 있다. 그의 pinocchio chair는 어린이가 가구를 통해 놀이와 조형학습을 함께 병행함으로써 환경에 대한 어린이의 인식을 늘려갈 수 있다.

■ 가구-사용자-사용자의 상호교류

가구는 혼자 쓸 수도 여럿이 쓸 수도 있다. 여럿이 쓰면서 가구와 상호교류하는 가구-사용자-사용자 교류는 폴리우레탄이라는 가볍고 내구성 있는 소재의 개발로 가능해졌는데 1966년 아키줌 어소시아티 Archizoom Associati의 superonda가 그 시초였다. 이는 직사각형 폴리우레탄을 곡선으로 자르고 그 곡선을 이용하거나 두 부분을 겹치게 하는 등 사용자들이 원하는 구성으로 배치가 가능하여 당시 대단한 주목을 받았다.

 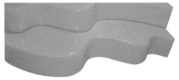 

superonda 하나의 폴리우레탄 덩어리를 곡선으로 잘라 원하는 형태로 앉을 수 있는 소파
출처: http://www.architonic.com/, http://www.1stdibs.com/, http://www.lostregatto.ideaculture.eu/

이에 비해 1993년 론 아라드 Ron Arad의 misfits는 일반적 방식을 따른 모듈러 가구이다. 그러나 유닛의 형태가 보다 다양하고 사각형이 아닌 곡선으로 구성되어 시각적인 흥미를 주며 이에 따라 사용자가 원하는 형태를 고를 수 있어 기능적 모듈러 가구가 아닌 감성적 모듈러 가구이다. 그러나 가구-사용자-사용자가 적극적으로 교류하도록 유도하지는 않는다.

모듈러소파 중간형, 코너형, 오토만으로 구성된 모듈러 시스템 출처: http://erdexon.com

misfits 중간형, 코너형, 오토만의 유닛으로 구성되지만 조합에 따라 다양하고 독특한 형태가 창출되는 시스템이다. 출처: http://www.ronarad.co.uk/

반면 필립 니그로^{Philippe Nigro}의 confluences는 고전적 방식에서 벗어난 퍼즐 또는 음양 형태의 모듈러 가구로 사용자들이 각 유닛의 색채와 형태를 짜 맞추는 과정에서 서로 의논하는 등 적극적 교류를 유도하는 가구이다. 또한 그 과정에서 재미를 느낌과 동시에 원하는 결과를 창출했을 때의 성취감도 맛볼 수 있다. 그러나 이것도 enjoyment와는 다른데 그 이유는 역시 완성 과정이 단순하기 때문이다.

confluences 조합하면 그룹이 사용할 수 있는 숫자의 소파가 만들어진다. 서로 마주볼 수도, 나란히 앉을 수도 있어 어떠한 경우에도 적절한 사이를 유지할 수 있다. 출처: http://www.philippenigro.com/

■ 가구 – 사용자 – 공간의 상호교류

가구는 사용자와 교류하며 또 공간과도 상호교류할 수 있다. 이는 사용자가 가구를 조작하여 가구가 공간을 점유하거나 공간을 나눌 때 가능하다. 1966년 로베르토 마타^{Roberto Matta}의 malitte는 당시 사용자 및 공간과 교류하는 획기적 구성을 제시한 가구였다.

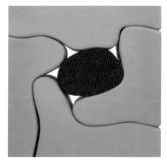

malitta 하나의 폴리우레탄 덩어리를 곡선으로 자르면 여러 의자가 만들어진다. 사용자가 원하는 의자를 선택하여 원하는 위치에 놓아 교류할 수 있고 이들을 쌓으면 하나의 조형물이 된다. 출처: http://www.liveauctioneers.com/

어릴 때 소파가 가득한 공간을 가지고 싶었던 베르너 팬톤^{Verner Panton}은 1970년 훌륭하게 배합된 색채는 공간에 깊이감과 입체감을 준다는 철학과 함께 조합에 따라 가구가 공간이 되고 공간이 가구가 되는 vision 2를 발표하였다. 이 중 phantasy landscape는 이를 대변하는 가구이자 공간이다.

 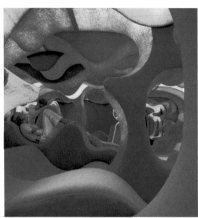 

pantower와 phantasy landscape 1969년 pantower를 발표한 베르너 팬톤은 1970년 이를 확대한 phantasy landscape를 발표하였다. 공간의 구조물이 벽, 바닥, 천장이 되고 그것이 침대, 의자, 조명이 되는 총체적인 공간과 가구의 향연이다. 출처: http://www.verner-panton.com/

이상과 같이 감성가구를 살펴보았다. 이 중에는 개념에 치중하거나 기능성 또는 실용성을 크게 고려하지 않은 아트 작품에 가까운 가구도 있다. 이러한 가구는 공간에서 오브제 역할을 담당할 경우에는 문제가 없다. 그러나 실용적인 용도의 가구는 인체 공학에 맞는 안락한 치수와 각도를 유지해야 하고 여기에 더하여 비례와 색채 그리고 재료가 조화되는가를 살펴보아야 한다. 여기에 감성적인 부분이 더해져 감동을 준다면 더할 나위없는 가구를 소유할 수 있을 것이다. 이는 평소에 가구에 대한 지식과 제품에 대한 관심이 더해져 가능할 수 있으며 결국 좋은 가구를 고르는 것은 사용자의 몫으로 남겨진다.

참고문헌

김경원(2010). 이용자 상호간 감성교류를 위한 의자디자인 연구. 한국가구학회지, 21(2).

김진우(2007). 사용자 참여를 유도하는 의자디자인사례와 특성에 관한 연구. 한국실내디자인학회, 16(2).

김혜자(2000). 가에타노 페쉐의 디자인에 나타난 표현양식에 대한 연구. **한국실내디자인학회논문집**, 24.

김흥렬(2009). 리빙 제품디자인에 적용된 감성조형에 관한 연구. **한국디자인포럼**, 22.

유도현 · 윤여항(2009). Fun 요소의 디자인 사례와 가구 적용에 관한 연구. **한국가구학회지**, 20(2).

이지연(2008). *Alessandro Mendini: Redesign & Revival*. 인터아트채널.

차성희(2007). 가구의 감성적 접근에 관한 연구. **한국가구학회지**, 18(1).

최병훈 · 홍민정(2009). 가구 디자인에 있어서 감성적 기능의 개념에 대한 연구. **한국가구학회지**, 20(4).

한영호 · 이은화(2004). 안드레아 브란찌의 디자인표현 특성에 관한 연구. **한국실내디자인학회논문집**, 13(3).

Charlotte Fiell(2005). *1000 Chairs*. Taschen.

Francis Watson(1976). *The History of Furniture*. Crescent.

John Morley(1999). The History of Furniture. Bulfinch.

Klaus-Jurgen Sembach(1982). *Contemporary Furniture*. Architectural Book Publishing Co.

Naisbitt, J.(2003). *High Tech, High Touch*. 세계경제연구원 연구보고서.

Ray Hemachandra & Craig Nutt(2008). *500 Chairs*. Lark Books.

Richard Horn(1986). *Memphis*. Running Press.

Chapter 10

데카르트(tech+art)의 대표, 생활용품

산업혁명 이후 기술의 발전으로 인해 기능적인 제품을 공급받으면서 사람들은 양적으로 풍요롭고 편리한 생활을 향유할 수 있게 되었다. 그러나 이에 만족하지 않고 질적인 제품을 원하게 되자 사람에 대한 정신적, 육체적 탐구 및 생활에 대한 분석이 나오기 시작했다. 앨빈 토플러는 『제3의 물결』에서 정보화 사회가 진전되면 될수록 개인의 감각에 맞는 제품으로 생활을 창조해가는 프로슈머(prosumer)가 등장하게 될 것이라고 예견하였다. 과거의 소비자가 제품의 우수한 기능, 가격으로 판단했다면, 이들은 이제 기능이나 가격이 아닌 제품의 콘셉트, 디자인, 서비스 등 감성을 자극하는 가치의 요소를 더해 "이 제품이 나에게 어떤 의미인가? 이 제품을 사용할 때 나의 이미지는 어떻게 보일 것인가? 이 제품은 나에게 어떤 가치를 주는가?"의 문제를 제품 평가와 선택의 기준으로 삼게 된다는 것이다. 이렇게 진화된 소비자가 테카르트(tech +art)의 출현을 유도하고 있다.

Chapter
10
데카르트(tech+art)의 대표, 생활용품

■ 기술과 감성의 융합, 데카르트

아트가전, 생활을 예술로 만들다

프랑스의 기호학자 보드리야르 Jean Baudrillard는 현대 소비사회에서는 상품의 물신숭배가 아니라 기호의 물신숭배가 일어난다고 하였다. 과거에는 자동차, 명품 핸드백 등 고가제품이 특별한 기호상품으로 인식되었으나 이제는 일상적인 생활용품도 기호상품화 되고 의미있는 상징성이 부여되지 않으면 경쟁력이 약화된다. 이는 대중의 라이프스타일이 다양해지고 수준이 높아지면서 신소비 트렌드인 프레스티지 prestiege가 늘어나 일상 생활용품도 고급화가 적용되어야 설득력이 있다는 것이다. 광고를 통해 제품을 접할 때 제품의 성능을 자세히 설명하는 광고는 많지 않다. 예를 들어, 냉장고는 음식물을 차게 보관해 주어 상하지 않게 하는 도구라기보다는 '여자의 행복'이며, '엄마의 마음'을 상징하고 있다. 또한 음료수나 커피도 소비자의 마음을 흔드는 '사랑', '고독'이라는 스토리를 담고 있다. 이렇게 상징화되고 고급화된 소비성향을 만족시키기 위해 문화와 예술을 제품에 결합시키는 방법, 즉 데카르트 tech art가 탄생하였다. 세계적인 화가의 명화를 광고, 제품의 커버에 입히기 시작한 것은 2000년대 중반 이후이다. 기술 tech과 예술 art을 결합하여 소비자의 마음을 움직인다는 것이다.

제품은 소비자의 구매욕구를 중심으로 하여 3가지로 나눌 수 있다. 첫째, 효능충족욕구가 중시되는 제품이다. 소비자가 일상생활에서 부딪치는 실질적이며 기능적인 문제를 해결할 수 있는 제품으로, 출퇴근을 위해 자동차를 구입하는 것이 그 예이다. 둘째, 경험유희의 욕구가 중시되는 제품이다. 이는 제품의 사용경험을 통해 감각적으로나 인지적으로나 즐거움을 얻게 되는 경우이다. MP3 플레이어, 휴대폰, 태블릿 PC 같

<표 10-1> 21세기 기술+감성 시대로의 진입

시대	생산(1970~80년대)	기술(1990년대)	기술 + 감성(2000년대)
소비자니즈	단순, 획일	신제품, 고기능 선호	차별성, 감성 중시
구매결정요인	가격, 품질, 다품종 대량생산	소형(대형), 고기능 디지털, 친환경	디자인, 편의성, 융합화, 콘셉트, 컬러 브랜드 이미지
기업대응	대량생산과 원가 절감	기존기술 고도화와 첨단신기술 개발	소프트웨어 강화, 고객감성 포착, 이(異)업종 기술 접목
업종	의류, 제지, 건설	전자제품 반도체 메모리, 신약	향기 나는 자동차, 쥬얼리 휴대폰, 명화 에어컨

출처: 이민훈(2003). 기술과 감성의 융합시대, **삼성경제연구소**-CEO information 417호.

은 전자제품을 사용하는 행위를 통해 얻게 되는 그것이다. 셋째, 긍지추구의 욕구가 중시되는 제품이다. 자신의 지위를 과시하거나 자아확인 등 긍지를 높이고자 하는 제품으로 예술과 기술이 결합된 데카르트 제품이 그 예이다. 동일한 제품을 구입할 때 값이 좀 더 비싸더라도 아트나 명화가 담긴 제품을 선택하는 이유가 여기에 있다.

디자이너스 에디션(Designer's Edition)

2006년 LG전자는 패션디자이너 이상봉과 손잡고 윤동주의 '별 헤는 밤'을 한글로 넣은 휴대폰 '샤인'을 출시하였다. 또한 외국 유명 디자이너 브랜드와 콜라보레이션(collaboration)으로 한정 생산한 아르마니폰이나 프라다폰 등은 패션 감성과 IT기술 융합의 사례로, 희소성의 가치를 인정받으며 주목받았다.

샤인 　　　　아르마니폰

국내에서 가장 먼저 기술과 예술을 접목시킨 제품은 LG전자의 에어컨으로 2003년 세계 최초로 액자형 에어컨 전면 판넬에 '몬드리안'의 작품 「구성 2」를 적용한 아트쿨 art cool을 출시한 이래, 해마다 고흐, 몬드리안, 말레비치 등 유명화가의 작품을 접목해 왔다. 이와 함께 소비자와의 감성교류를 강화하고자 명화선정 이벤트를 실시하고 그들의 의견을 반영한 제품을 내놓았다. 아트제품의 시발점이 된 에어컨은 주로 냉방기능을 상징하는 흰색이나 실버였으나 벽에 걸릴 경우, 집안 분위기와 어울리지 않거나 거주자의 취향과 맞지 않을 수 있다는 것에 착안, 명화를 적용하여 감성 소비자에게 크게 어필할 수 있었다. 예술이 도입된 제품들은 일반제품에 비해 10~15% 더 비싸지만 소비자들에게 문화예술이 가지고 있는 심미적 측면과 감성적 코드가 충족되면서 제품에 대한 만족감으로 성장세를 보이고 있다. 그러나 냉장고, 에어컨, 세탁기 등 생활가전제품의 수명은 보통 10년이므로 지나치게 유행에 맞춘 외관에 주력하여 실용성이 저하되지 않도록 10년을 보아도 변치 않는 가치가 무엇이고 이를 디자인으로 어떻게 표현할 것인가를 고민해야 할 때이다.

감성공학, 하나로 융합하다

'티핑 포인트'의 저자 말콤 글래드웰 Malcolm Gladwell은 스티브 잡스의 위대성은 발명이 아닌 편집에 있다고 평가하면서 기존의 디자인과 기능을 개량해 완벽하게 융합 convergency 하는 편집력에서 그의 천재성이 두각을 나타낸다고 하였다. 이처럼 융합은 학문 간의 통섭, 기술적인 컨버전스, 장르적 퓨전 등 서로 다른 분야가 결합해 새로운 물질이나 현상으로 거듭남을 뜻한다. 그렇다면 왜 이러한 융합이 필요할까? 무엇을 어떻게 융합

LG art cool 액자형 에어컨

와인잔 콘셉트의 삼성 보르도 TV

〈표 10-2〉 디자인 혁명의 역사

	19세기	20세기 전기	20세기 후기	21세기
시대 구분	실용미학의 시대	기계미학의 시대	반미학의 시대	디지털미학의 시대
사회적 배경	상업시대	산업시대	정보화시대	디지털시대
주요 디자인운동	미술공예운동 아르누보	독일공작연맹 바우하우스	팝아트, 알키미아와 멤피스	비디오 아트 디지털 엔터테인먼트
주요 배경	미술의 대중화 장식적 공예	기능주의 대량생산	소비주의 풍요의 시대	인터넷 혁명 온라인 비지니스
디자인 특징	화려함 추구 고전성 강조	단순함 추구 기능성 강조	개성 추구 차별성 강조	복합성 추구 창조성 강조

출처: 조동성 · 김보영(2006). **21세기 뉴르네상스 시대의 디자인혁명**. 한스미디어.

해야 할까? 융합이 필요한 이유는 과학기술과 소비자 문화의 변화로 과거에는 소비자의 요구와 환경이 다양하지 않았으나 지금의 소비자는 라이프스타일과 문화가 다양해지고 또 그것을 지원하는 과학기술이 고도로 발달하여 하나의 제품으로 소비자의 요구와 인터페이스를 모두 지원할 수 있기 때문이다.

무엇을 어떻게 융합하는지 모바일폰을 통해 살펴보자. 1990년대 초반 디자인에 상관없이 소유한 것만으로도 이목을 끌던 벽돌만한 크기의 모바일폰은 2000년대 중반에 이르기까지 소비자를 충족시키는 크기와 디자인으로 급격히 발전하였고 여기에 동영상이나 사운드가 장착되더니 카메라를 융합한 모바일폰이 출현하여 큰 인기를 끌었다. 카메라폰의 성공은 예전에 단순히 물리적으로만 융합된 MP3 플레이어와 디지털카메라의 복합제품이 주목을 끌지 못하였던 것에 비해 매우 이례적이었다. 이는 찍어서 바로 보낸다는 새로운 가치가 히트를 친 것이다. 이렇게 융합되기 시작한 모바일폰은 2000년대 후반, 아이폰을 시작으로 '스마트폰'이 석권하고 있으며 국내에서도 2009년 말 처음 선보인 지 2년여 만에 가입자 수가 2천만을 돌파하였다. 스마트폰은 단순한 고성능 휴대전화기의 명칭이 아니라 전화기, 카메라, 녹음기, 전자수첩, MP3 플레이어, 전자책, 시계, 사전, 라디오, TV, PDF 신문, 번역기 등 무궁무진한 기능을 한데 합처 놓은 융합기기이다. 모바일시대에 상상할 수 있는 모든 것을 스마트폰에 집약시켜 놓은 것이다. 쇼핑, 은행업무, 지도검색을 할 수 있는 동시에 사람들의 대화의 창이 되었다. 소셜 네트워크를 통해 실시간으로 반응하고 대응하며, 전 세계를 하나로 묶어버린 페이스 북을 통해 트위터리언들이 급부상하고 있다. 말 그대로 내 손 안에 작은 세상이 실현된 것이다. 내 손 안에서 나만의 세상을 만드는 휴대전화, 이것은 융합된 기술력과 디자인의 융합이다. 커지는 화면, 얇아지는 두께, 표면재의 컬러, 핸드폰 바디의 형태 등 그동안의 모바일폰 발전과정에서 나타났던 수많은 디자인이 있었지만 새로운 모델이 나오면 바로 바꾸고 싶은 마음이 들게 한다. 첫눈에 반할 수 있는 디자인이지만 새로운 기술이 융합되어 디자인이 바뀌면 또 후속모델로 바꾸고 만다. 스마트폰에는 심플하고 가벼운 디자인을 가능케 하는 반도체칩 기술, 이동하면서 누릴 수 있는 자유로운 검색엔진 및 다양한 웹프로그래밍 기술, 옆집에 누가 사는지도 모르는 시대에 터치 몇 번을 통해 정보를 공유하고 소식을 전하는 네트워킹 기술, 이와 함께 나를 표현할 수 있는 액세서리 소품과 같은 감성이 하나로 빚어진 융합의 절정이라 볼 수 있다.

감성을 두드려라, 터치

터치는 시청각 외에 촉감으로 고객의 감성을 자극하는 것이다. 스마트폰과 태블릿 PC에 '만지다', '민다' 등 손끝을 통해 새로운 감성체험을 제공하는 터치 센서방식이 그것이다. 공급자 중심이 아닌 소비자의 신체 경험에 근거하는 실질적 제안이 터치 감성디자인 제품의 근원이다.

소비자 촉감 경험이 반영된
삼성의 갤럭시탭

소비자 촉감 경험이 반영된
애플의 Ipad

물론 모든 제품에 컨버전스 개념이 적용될 수는 없다. 오히려 너무 많은 IT기술의 컨버전스로 무장한 제품은 이에 익숙하지 않은 연령층에게 부담이 될 수 있다. 이들에게는 오히려 단순한 기본기능만 있는 제품이 더 절실할 것이다. 그렇지만 이러한 제품은 거의 찾아볼 수 없고 있다 하더라도 디자인의 질이 떨어지는 제품이어서 구매를 망설이게 된다. 디자인이 좋은 고가의 융합제품만 있을 뿐이다. 이것은 기술력에 의한 그리고 기업 상술에 의한 식민화이다. 필요하지도 않은 기능을 디자인 때문에 구매하게 되고 복잡한 기능으로 인해 기기 사용에 불편을 겪는다면 이는 개선되어야 한다. 새로운 기기에 열광하는 소비자의 감성도 중요하지만 그렇지 않은 소비자의 감성도 고려되어야 하기 때문이다.

■ 생활용품의 감성디자인

굿디자인을 넘어서 감성디자인으로

디자인은 언제부터 시작되었을까? 인류가 도구를 사용하기 시작한 순간부터 디자인은 시작되었고 오랫동안 귀족들의 전유물에서 이제 일반인들이 누릴 수 있는 디자인으로 자리 잡았다. 제2차 세계대전 이후 대량생산 제품의 품질향상으로 굿디자인good design운동이 시작된 이래 단순하고 장식 없는 디자인이 오랫동안 우세하다가 점차 인간적 감성을 자극하는 디자인이 굿디자인이 되고 있다. 초기에 시도된 감성디자인은 제품을 소비하는 사람보다는 가치를 소비하는 사람을 타깃으로 하였다. 80년대 초까지만 해도 가전제품은 무채색 일변이었으나 그 후 색이 입혀지더니 여기에 문양을 도입한 냉장고가 출현하여 백색가전의 고정관념을 깨트렸고 맛있는 컬러를 연상시키는 애플사의 아이맥 컴퓨터는 무겁고 딱딱한 박스형태 모니터에 대한 고정관념을 날려버렸다.

이처럼 소비자의 감성을 건드리는 디자인이 일상생활의 작은 전자제품까지 확대되고 있다. 노안으로 시력이 약해진 부모님 세대를 위한 자판이 큰 실버폰, 선풍기 날개에 아이의 손을 다칠까 염려하는 마음을 고려한 날개 없는 선풍기, 걸레질에서 주부를 해방시켜 준 스팀청소기 등은 실제 소비자의 상황과 마음, 모두를 고려한 굿디자인, 즉 감성디자인의 사례이다.

소비자 친화적 인터렉티브 디자인으로

감성디자인의 개념이 확장되던 초기에는 소비지향의 감성에 초점이 맞추어져 있었다. 그러나 선택의 순간에 시각적 만족을 주는 디자인만으로는 이후의 감성을 충족시킬 수 없었다. 앤서니 던 Anthony Dunne은 아담 리처드슨 Adam Richardson의 글을 인용하면서 "제품에 대한 소비자의 해석을 디자이너의 해석에 짜 맞추고 있다. 그것은 단답형 선 긋기를 물질적으로 구현한 것이나 다름없다."라고 비판하고 있다. 이는 소비자가 제품을 사고 사용할 때 디자이너가 부여한 제품의 의미에서 벗어날 수 없는 식민화가 이루어진다는 견해이며 감성의 인터렉션 interaction이 없다는 의미이기도 하다. 감성의 인터 랙션은 시각적 요소 외에 청각이나 미각적 언어로 표현되는 색채, 섬세하게 다듬어진 빛의 효과, 움직임이나 조작에 따른 인터페이스 등과 같이 다감각적이다. 제품의 성공적인 인터랙션은 제품을 보고 그 제품이 왜 만들어졌으며 어떻게 사용해야 하는지 바로 알 수 있어야 하고 소비자와 교류할 수 있는 감성적 요소를 담고 있어야 한다. 따라서 인터랙티브 제품은 한눈에 매력을 느낄 수 있는 본능적 디자인이어야 하고, 조작을 통해 제품과 상호교류가 되며 사용해 보니 편리하기까지 한 디자인이어야 한다. 여기에 개인별로 다른 경험과 이야기를 회고시켜 주는 의미가 있어야 오래 두고 사용할 수

실버폰의 넓은 키패드

날개 없는 선풍기
출처: www.dyson.com/

스팀청소기
출처: www.ihaan.com/

있는 진정한 감성제품이다. 미국의 혁신적 디자인 회사인 IDEO는 다양한 감성디자인을 통해 소비자와 상호교류하는 많은 제품을 내놓고 있다. 그중 아쿠아덕트aquaduct라는 자전거는 더러운 물을 자전거에 싣고 페달을 밟으면 페달을 통해 구동된 펌프가 물을 정수시키고 정수된 물은 앞바퀴 위 물통에 저장이 된다. 더러운 물밖에 없고 그나마 멀리 운반해야 하는 저개발 국가를 위한 디자인으로 소비자가 직접 조작해야 하는 인터랙션 제품이다. 또 아일랜드의 디자이너 에오인 맥낼리Eoin McNally는 소리가 나지 않는 자명종 베개를 개발하였는데 알람시간을 세팅해 놓고 자면 알람시간 40분 전부터 빛이 점점 밝아 오고 기상시간이 되면 베게 안에 있는 수많은 LED등이 밝아져 빛에 의해 일어날 수 있다.

한편 지난 몇 년간 세계적으로 지속된 경제 불황과 정치·사회적 불안은 재미와 따뜻함의 소프트한 감성을 강조한 제품의 출현을 촉진시켰다. 엔터테인먼트 기능이 강화된 디지털 기기, 캐릭터를 담은 일러스트 패션, 광고 및 인터넷 동영상으로 눈길을 끌었던 패러디 제품 등 펀 제품fun product이 나타나기 시작하였다. 텀블러를 예로 들면 눈에 보이는 그대로의 텀블러가 아니라 손으로 잡으면 조명이 들어오고, 차를 담으면 조명의 컬러가 바뀌는 등 사용자와 교류하는 디자인이 눈길을 끈다. 또 커피를 주면 잠을 깨는

정수기와 세발 자전거가 결합된 아쿠아덕트
출처: http://www.ideo.com

자명종 베게
출처: http://www.embryo.ie/glo/

조명 텀블러

모닝머그

푸드 페이스 접시

요술봉 소금통

출처: http://sollathie.blog.me/20111053653, http://www.worldwidefred.com/home.htm

머그, 담는 음식에 따라 재미있는 표정의 얼굴이 만들어지는 접시, 요술봉처럼 생긴 소금통 등을 사용할 때 다양한 변화가 있고 즐거움이 유발되는 디자인이 생활제품에 속속 나타나고 있다. 멋진 디자인으로 눈길을 사로잡는 것이 아닌 재미, 따뜻함, 소박함 등의 다양한 감성을 기술과 융합한 제품을 사용함으로써 소비자의 마음에 오랜 여운을 남긴다는 것이다.

■ 소비 주체에 따른 감성 생활용품

새로운 구매결정자, 여성을 위한 감성 생활용품

오랜 세월 여성은 세상의 중심에서 물러 서 있었다. 그러나 지식을 갖춘 여성이 늘어나면서 점점 소비의 주체가 되고 있다. 미혼 남성은 여성의 의사결정에 이끌려 소비의 장소로 이동하게 되고, 가정에서도 필요한 제품을 구매하는 주체는 주부가 되어 대한민국 시장의 80%를 여성소비자가 주도할 정도이다. 이에 기업들도 여성소비자의 소비패턴에 주목하면서 골드미스, 알파맘, 루비족 등 신조어들이 만들어지고 있다.

특히 전자제품관련 업계에서는 기계와 친하지 않은 여성의 특성상 생활가전 이외에는 구매력이 약하다고 보았으나 최근 노트북, 컴퓨터, 핸드폰, 카메라 등의 컬러와 형태, 재질 및 네이밍을 차별화하고 있다. 10대 후반~20대 초반 여성의 부드럽고 달콤한

삼성 노트북

삼성 카메라

LG 아트 냉장고

삼성 쥬얼리 냉장고

감성을 자극한 LG전자의 아이스크림폰, 초콜릿폰, 30~40대 주부의 명품주방에 대한 욕구를 채워 준 플라워패턴 아트 냉장고, 삼성전자의 쥬얼리 냉장고 등이 대표적인 예이다. 이들 제품은 생활에서 접하는 전자제품 조작이나 집안일의 어려움을 도와주는 동시에 여성의 감성을 충족시킬 수 있는 형태, 패턴, 컬러를 도입함으로써 살림이 즐거워지고 행복감을 느끼도록 유도하고 있다.

소비자로서 여성이 원하는 것은 무엇인가?

- 존중: 여성은 최종 결정까지 신중히 행동한다. 여성소비자들이 제품에 대해 잘 알고 있다는 것을 인정하고 존중하라.

- 개성: 여성들은 여러 가지 역할을 맡고 있으며 그들이 가진 다양성을 가능한 인정하고 전형적인 타입이라고 생각하지 마라.

- 스트레스 해소: 여성은 자녀 양육, 살림 등 스트레스에 시달린다. 이에 대한 해결책을 제시하거나 그 긴장을 이해한다는 점을 드러내라.

- 연결: 여성은 결정에 감성적이다. 어떤 점이 여성의 마음을 움직일 수 있는지 찾아내라.

- 관계: 여성들은 신뢰할 만한 브랜드와 그 브랜드에 충성심을 보인다. 그 브랜드가 자신의 삶에서 중요한 의미를 대변하는 것과 관련이 있다.

출처: 마크 고베, 감성디자인 감성브랜딩

진화하는 소비자, 남성을 위한 감성 생활용품

최근 백화점과 할인점에서는 남성 품목을 강화하고, 여성의 채널이라고 불리는 홈쇼핑에서도 남성의 소비가 점점 많아지고 있다. 메트로섹슈얼, 초식남과 같이 여성적 감수성을 지닌 남성이 늘어나고 젊은 시절 가장으로 바쁘게 지냈던 중년 이후 남성세대가 자신을 가꾸고 투자하는 일에 관심을 갖게 되면서 노무족, 엠니스 등 최근 몇 년 사이 남성소비자의 새로운 트렌드를 대변하는 신조어들이 매스컴에 오르내리고 있다. 이는 남성이 단순한 소비자가 아닌 복잡하고 다양한 성향의 소비자로 변화하고 있음을 시사한다.

- 메트로섹슈얼: 도시나 도시근처에 살면서 패션과 외모를 가꾸는 데 많은 관심을 보이는 남성

- 초식남: 기존의 남성다움을 강하게 어필하지 않으면서, 자신의 취미생활과 외모 가꾸기에 적극적인 남성

- 노무(NOMU)족: 더 이상 4, 50대 아저씨가 아니라(No More Uncle) 나이와 상관없이 자유로운 사고와 생활을 추구하는 남성

- 엠니스(M-ness): 남성(힘, 인격, 명예)과 여성(육아, 소통성, 협력)의 특징을 결합시킨 남성

남성 전용화장품숍이 오픈하였고 남성전용 패션멀티숍도 선보이고 있다. 이러한 바람과 함께 베이비부머 세대 남성 은퇴인구와 독신남성의 증가로 남성이 집안에 머무는 시간이 증가함에 따라 주거공간에도 변화가 일어나고 있다. 최근 분양하는 아파트에는 남성을 위한 취미공간이나, 남성을 위한 키높이 조절 싱크대, 남성 전용소변기 등이 설치되고 있고 이러한 움직임은 가전제품과 주방용품에도 반영되고 있다. LG전자의 세탁기 트롬 프리업은 키가 큰 남성 사용자를 고려하여 기존 제품보다 20cm 가량 높은 것이 특징이다. 독일의 한 욕실전문 업체는 남성이 면도와 양치질을 하는 동안 지루하지 않도록 mirror TV cabinet을 설치하여 남성을 배려한 감성제품을 선보였다.

한국방송광고공사가 2010년 소비자행태조사^{MCR} 결과를 토대로 2011년 국내 시장을 주도하는 5개의 주요 소비 집단을 도출해 공개한 내용을 살펴보면, 스마트폰을 적극적으로 활용하는 '스마트 모빌리언' 집단, 신상품 구매 의지가 높은 '얼리 어댑터' 집단, 부

mirror TV cabinet 출처 http://www.hoesch.de

LG트롬 프리업

유한 상위 계층인 '프리미어 소비자' 집단, 은퇴했지만 재력을 갖춘 '골드 시니어' 집단, 그리고 성취욕구와 함께 다방면에 관심이 많은 '알파맘' 집단 등을 소개하고 있다. 주목할 점은 얼리 어댑터 집단과 프리미어 소비자 집단에서 남성의 비율이 여성을 앞서고 있다는 것이다. 남성의 노동력이 중요했던 농업사회, 넥타이 풀고 야근하며 성공을 향해 달리던 산업사회는 끝났다. 과거 전통적인 남성의 생활과 문화는 사회의 변화에 따라 역할과 인식의 변화를 가져왔기에 단순히 표면적인 변화에 따른 트렌드로 이해할 것이 아닌 남성의 연령대에 따른 생활주기 및 상황에 따른 감성에 대한 세심한 조사와 분석이 뒷받침된 제품의 개발 및 출시가 이루어져야 할 것이다.

　감성디자인 제품의 소비현상이 확장되면서 아날로그적 감성과 디지털 기술을 융합한 스타일리쉬한 제품들이 만연하고, 업체 간 경쟁이 과다하여 잦은 외관디자인이 제품수명기한을 단축시키는 폐해로 나타나고 있는 현실에서의 제품 개발은 진정한 감성디자인에 대한 숙고를 통해야 할 것이다. 마찬가지로 소비자 또한 수많은 감성광고에 현혹되어 합리적인 소비에서 벗어나지 않도록 사용목적, 본인의 성향, 경제적 비용 등을 고려한 정보수집 단계를 거쳐야 할 것이다. 첨단의 기술, 화려한 디자인 그 어느 것도 인간보다 먼저일 수는 없다. 기술과 문화가 끊임없이 발전하고 세월이 지나도 기본에 충실한, 오래 사용해도 싫증나지 않는, 기업이나 디자이너에게 식민화되지 않은 올바른 선택이었다는 자부심을 주는 감성제품이 늘 필요하다.

참고문헌

마크 고베 저, 이상민 · 브랜드 앤 컴퍼니 역(2002). **감성디자인 감성브랜딩**. 서울: 김앤김북스.

오창섭(2006). **9가지 키워드로 읽는 디자인**. 서울: 세미콜론.

이민훈(2003). 기술과 감성의 융합시대. **삼성경제연구소-CEO information 417호**.

장동련(2008). **브랜드 디자인 이노베이션**. 파주: 안그라픽스.

조동성 · 김보영(2006). **21세기 뉴르네상스 시대의 디자인혁명**. 한스미디어.

크리스티네 지베르스 저, 장혜경 역(2003). **클라시커 50 디자인**. 서울: 해냄.

하라 켄야 저, 민병걸 역(2011). **디자인의 디자인**. 파주: 안그라픽스.

KIDP(2006). **디자인에 적용되는 신소재, 표면처리 기술의 사례**.

Part | five

감성으로 내다보다,
미래의 공간

배려, 유니버설 공간

장애나 노화는 살아가면서 경험하는 자연스럽고 일상적인 일이다. 장애인과 노인에 대한 사회적 배려는 서구에서는 일찍이, 우리나라에서는 최근에 주목하기 시작하였고 21세기에 들어오면서 어린이나 일반인들까지 모두 편하게 사용할 수 있는 공간이나 제품을 위한 유니버설 디자인(universal design)이 각광받고 있다. 인간의 존엄과 평등을 실현하기 위한 새로운 패러다임인 유니버설 디자인은 무엇인지? 이는 감성과 어떻게 연결되고 있는지, 그리고 노인, 장애인, 어린이를 배려한 유니버설 공간은 어떻게 발전해 가고 있는지 살펴보자.

Chapter 11

배려, 유니버설 공간

■ 유니버설 디자인

유니버설 디자인 universal design은 제품, 건물, 환경 등을 디자인할 때 노인과 장애인, 어린이를 포함한 다양한 사람들의 욕구와 활동을 충족시킬 수 있어야 한다는 것으로, 사용자가 능력 있고 자주적인 인간이라는 느낌을 갖도록 디자인하는 것이다. 모든 사람을 포용한다는 의미에서 유럽에서는 인클루시브 디자인 inclusive design, 혹은 모두를 위한 디자인을 직접적으로 의미하는 디자인 포 올 design for all이라는 용어를 사용하기도 한다. 유니버설 디자인 원리를 적용한 공간은 장애 정도나 연령에 관계없이 편하고 안전하게 살아갈 수 있도록 사용성을 최대화한 미래지향적 환경이 된다.

'훌륭한 디자인', '무장애 디자인 barrier free'에서 출발한 유니버설 디자인은 포괄적이고 구체적인 하위 디자인 원리를 제안하고 있다. 초기의 4가지 원리는 기능적 지원성 supportive design, 수용성 adaptable design, 접근성 accessible design, 안전성 safety oriented design이었다. 1997년 이를 보다 구체적으로 제시하고자 미국의 노스캐롤라이나 주립대학교 유니버설 디자인센터에서는 7가지 원칙을 제안하였는데, 공평한 사용, 사용상의 융통성, 간단하고 직관적인 사용, 쉽게 인지할 수 있는 정보, 오류에 대한 포용력, 적은 물리적 노력, 접근과 사용을 위한 공간 등이 그것이다.

유니버설 디자인에서 가장 먼저 해야 할 일은 사용자에 대한 깊은 이해이다. 특히 사회적 약자인 노인, 장애인, 어린이를 돕고 배려할 수 있어야 한다. 장애인이 적어도 자신의 주택에서는 독립적 생활이 가능하도록 공간이 장애가 되지 않아야 하고 이는 특히 접근성의 확보가 필수적이다. 또한 노인을 위한 환경에서 가장 기본적으로 선결되어야 할 개념은 안전성으로 이에 대한 고려는 사고를 미리 방지할 수 있는 주요 개념이 된다.

유니버설 디자인의 7원칙

1. 공평한 사용(equitable use): 누구라도 차별감이나 불안감, 열등감을 느끼지 않고 공평하게 사용 가능한가?

2. 사용상의 융통성(flexibility in use): 서두르거나, 다양한 생활환경 조건에서도 정확하고 자유롭게 사용 가능한가?

3. 간단하고 직관적인 사용(simple and intuitive): 직감적으로 사용방법을 간단히 알 수 있도록 간결하며 사용 시 피드백이 있는가?

4. 정보 이용의 용이(perceptive information): 정보구조가 간단하고, 복수의 전달수단을 통해 정보입수가 가능한가?

5. 오류에 대한 포용력(tolerance for error): 사고를 방지하고, 잘못된 명령에도 원래 상태로 쉽게 복귀가 가능한가?

6. 적은 물리적 노력(low physical effort): 무의미한 반복동작이나, 무리한 힘을 들이지 않고 자연스러운 자세로 사용이 가능한가?

7. 접근과 사용을 위한 공간(size & space for approach & use): 이동이나 수납이 용이하고, 다양한 신체조건의 사용자와 도우미가 함께 사용 가능한가?

■ 공간 들여다보기

공간이 '장애'

"문 좀 열어 주실래요?"

우리는 생활 속에서 이런 말을 해본 경험이 있을 것이다. 가령 양손에 짐을 가득 들고 있거나 유모차를 밀면서, 혹은 엘리베이터에서 누군가에게 문을 열어 달라거나 벨을 눌러달라는 부탁을 했던 경험이 있을 것이다. 이는 신체적 장애를 가지지 않았다 해도 양손이 자유롭지 못하면 남에게 의존하게 된다는 것이다. 이에 대해 공간은 얼마나 이를 배려하고 있을까? 우리가 살고 있는 집에서, 거리에서, 학교에서, 지하철역에서, 백화점에서 우리는 과연 얼마나 공간의 장애를 받지 않고 자유롭게 생활하고 있는가? 우리가 집에 들어가고 있는 모습을 머릿속에 그려 보자. 우선 출입문을 열면 현관이 보인다. 현관 앞에서 신발을 벗고 우리는 자연스럽게 한단 높이 있는 거실로, 거실에서 침실로 발걸음을 옮긴다. 이렇게 단순하고 반복적인 일상이 신체적 장애가 있는 사람들, 특히 휠체어 사용자에게는 과연 어떻게 느껴질까? 일단 현관의 문턱이, 현관에서 거실로의 단차가 이들을 가로막는다. 휠체어의 진입을 집이 가로막고 있는 것이다. 집 안에서의 이러한 단차나 문턱은 현관에서뿐 아니라 각 침실의 문턱에서, 욕실로 들어가는 단차에서도 발견할 수 있다. 이는 공간이 장애가 되고 있기 때문이다.

공간이 장애가 되는 경우는 주택뿐만 아니라 공공공간에서도 쉽게 찾아볼 수 있다. 높낮이의 차가 있는 곳에서는 더욱 공간의 '장애'가 나타난다. 지하철역을 이용할 때 지상에서 지하로 오르내리기 위해서는 상당수의 계단을 지나야 한다. 이렇게 펼쳐진 계단은 노인이나 휠체어 사용자들에겐 접근할 수 없는 성역처럼 느껴질 것이다. 물론, 최근에는 엘리베이터를 설치한 곳이 많고 계단의 난간에 휠체어 리프트를 설치한 곳도 있지만 특히 리프트의 경우 역무원이 나와서 도와주어야 하기에 번거롭고 이마저도 부분적으로 설치되어 공간을 사용하기엔 여전히 어려움이 따른다.

공간이 가진 이러한 장애적 요소에 대해 대다수의 사람들은 자신이 살아온 공간에 적응하고 있다. 공간에서 사람들은 자신의 상황변화에 따라 요구가 달라짐에도 불구하고 주택이 이러한 요구에 대응하여야 한다는 생각보다 대부분 이에 적응해서 살아야 한다고 생각한다. 이는 공간이 자신에게 장애물이 되고 있음을 깨닫지 못하거나 공간에서 느끼는 불편함을 받아들이며 살고 있음을 뜻한다. 잘못된 디자인은 장애물이다. 이는 적극적으로 개선해야 하고 이 장애물로 인해 식민화되지 말아야 한다. 공간이 오히려 장애가 되어 사람들의 자유로운 출입을 통제하고, 잘못된 디자인에 적응해나가는 공간의 식민화는 경계해야 한다.

현관과 거실의 단차 휠체어 사용자의 접근을 방해하는 요인이 된다.

계단리프트 수직이동이 가능하나 타인의 도움을 받아야 한다.
출처: http://dynamick.tistory.com

공간에서 자유롭기

우리는 언제나 공간에서 생활한다. 그 공간이 주거공간이던 비주거공간이던, 내부공간이던 외부공간이던 우리는 항상 공간에 있게 된다. 우리가 생활하는 공간에서 자유로울 수 없고 누군가의 도움을 받아야 한다면 도움을 받는 사람이나 주는 사람 모두에게 불편함을 주게 되어 결국 독립적인 삶이 불가능하게 되고 삶의 질 또한 낮아질 것이다.

공간에서 자유롭기 위해 가장 먼저 해결되어야 할 점은 공간이 사람의 출입과 통행에 방해가 되지 말아야 한다는 것이다. 이것이 접근성 accessibility이며 접근성이 확보된 경우 장애인이나 노인들도 일상적인 편리함과 편안함을 즐길 수 있다. 예를 들어, 휠체어 사용자가 길을 가다가 차도를 건너 인도로 올라설 때 경계 부분에 턱이 있다면 오르기 힘들 것이다. 이는 일반인들에게는 아무 문제가 되지 않으나 휠체어 사용자에게는 이동을 방해하는 결정적 요인이 될 수 있다. 또한 주거공간에서 휠체어를 사용하는 경우 문턱은 휠체어 사용자에게 불편한 걸림돌이 된다. 접근성에는 계단도 있다. 외부에서 건물 내부로 진입 시 출입문까지 가는데 계단이 있다면 반드시 경사로가 설치되어야 한다. 일반적인 보행용 경사로의 기울기는 1/8로 이는 수직높이 1m를 오르내리기 위해 수평거리 8m가 필요하다는 의미이다. 그러나 이 기울기는 휠체어로 이동하기에는 경사가 급해 자칫 사고의 위험이 존재한다. 따라서 안전한 보행을 위해서 경사로의 기울기는 1/12이상이어야 하며, 외부공간이 충분하다면 1/20 정도가 이상적이다. 경사로가 긴 경우, 계단과 같이 중간에서 방향을 바꿀 수 있는 '참'이라는 평평한 부분이 있게 된다. 그러나 참에 휠체어가 방향을 돌릴 수 있는 충분한 폭이 확보되지 않으면 경사로를 오르기 힘들고 또 벽에 부딪히거나 무게중심이 뒤로 쏠리면서 자칫 뒤집어질 수도 있다. 이때 엘리베이터나 리프트 등이 설치되고 편안한 기울기의 경사

현관과 거실의 단차를 없애 휠체어가 쉽게 접근할 수 있다

욕실 진입 부분의 단차를 없애 접근이 쉽다

세면대 아래쪽에 휠체어의 접근이 가능하다

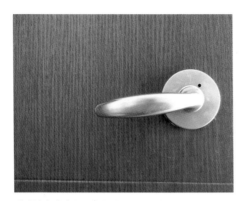

레버식 손잡이 누르기만 해도 문이 열린다.　　　　　**엘리베이터 조작기** 어린이 키 높이에 있다.

로가 계획된다면 더 이상 좋을 수 없을 것이다.

　이밖에 공간에서 자유롭기 위해 문의 손잡이에 대해 생각해 보자. 손잡이를 돌려 문을 열게 되는 과정에는 일정 수준 이상의 악력이 존재해야만 가능하다. 가령 손에 장애가 있거나 악력이 좋지 않은 노인, 어린이들에게 둥근 구형 손잡이는 공간을 이동하지 못하게 막는 존재일 수 있다. 그러나 레버식 손잡이는 위에서 누르기만 해도 문을 열수 있어 손에 장애가 있는 사람은 물론 양손에 물건을 들고 있는 사람에게도 유용하다. 또한 엘리베이터에서 휠체어를 타고 있는 사람이나 키가 작은 어린이의 경우 조작기의 버튼이 누를 수 없는 높이에 있다면 누군가의 도움이 필요하다. 조작기가 높이에 따라두 개 설치되어 있다면 모두를 충족시키는 디자인이 된다.

공간에서 안전하기

공간에서의 안전이란 그 어떤 것보다도 우선되어야 할 필수개념이다. 이는 사람들의 신체적 안전을 보장할 수 있어야 함은 물론 예측 가능한 위험에서 보호할 수 있어야 함을 의미한다. 안전을 고려한 설계조건은 각 나라의 건축법규로 규정되어 있으나 이는 가장 기초적인 것에 머무르고 있어 노인이나 장애인, 어린이 등 약자를 위해서는 보다 강화된 설계 기준이 필요하다. 노인은 감각기관의 쇠퇴로 바닥의 단차를 인지하기 어렵거나 촉각의 감퇴로 부엌기기 사용 시 사고가 발생할 수 있다. 특히 욕실은 안전사고

걸어 들어갈 수 있는 욕조
주변에 안전손잡이와 비상벨이 있다

욕조로 출입하는 모습
출처: artweger 홈페이지

앉아서 씻을 수 있는 자리가 마련된 욕조
출처: artweger 홈페이지

의 대표적 위험지대이다. 바닥에 물이 있으면 미끄러짐 사고로 이어질 수 있고, 뜨거운 물을 잘못 조작한 경우 화상의 위험도 있으며 지병이 있는 노인들은 용변 시 의식을 잃고 쓰러지거나 벽에 부딪치는 2차 사고로까지 진전될 수 있다. 욕실 바닥에서 넘어지는 사고를 방지하기 위해 미끄럼 방지 타일을 설치하거나 날카롭지 않은 모서리를 가진 위생기기와 가구를 사용하고 비상벨과 안전손잡이를 설치하는 것이 좋다. 비상벨은 위험 상황이 닥쳤을 때 신속한 후속조치를 취할 수 있어 노인이 거주하는 집이나 시설에서 필수적이다. 또 다른 고려사항은 욕조에 대한 것이다. 많은 경우 욕조를 넘나들다 미끄러져 사고를 당하는 일이 많다. 휠체어 사용자나 어린이는 욕조로 넘나드는 것이 실제적으로 어렵다. 이를 위해 일부분이 열려 걸어 들어갈 수 있는 욕조가 개발되었다. 여기에도 역시 안전손잡이를 설치하면 미끄럼 사고도 감소시키고 심리적으로도 안정감을 줄 수 있다.

한편, 공간의 층과 층을 연결시키는 계단도 안전에서 자유롭지 못하다. 이를 위해 계단에 안전 손잡이를 설치하는 것이 좋으며 특히 시작과 끝에는 바닥의 색을 달리하여 쉽게 식별되도록 하는 것이 좋다. 또 계단의 디딤판에는 미끄럼 방지 처리를 하고 조명을 밝게 하는 것도 중요하다.

계단의 시작과 끝 부분에 강한 명도 차를 두어 식별이 쉽도록 하였고 조명을 사용하여 안전성을 확보하였다.

■ 공간적 배려, 유니버설 공간

어린이들의 눈높이 공간

최근 의식수준이 높아지고 문화가 발달함에 따라 어린이를 위한 공간이 관심의 대상이 되고 있다. 어린이는 신체와 운동기능이 덜 발달되어 있고 신장이 작아 성인에게 맞춰진 공간은 적당하지 않으므로 어린이의 키와 보폭 등을 고려하여 사용에 불편이 없는 공간이 되어야 한다. 계단보다는 경사로가 좋으며 경사로를 설치하기 어려우면 계단의 단 높이를 낮추고 난간 손잡이 등을 설치하여 안전하게 이동할 수 있도록 해야 한다.

어린이 공간에 대한 관심은 최근 아파트에도 나타난다. 어린이 전용 욕실이 나오는가 하면 어린이들만의 커뮤니티 시설이나 교육 프로그램을 제공하는 아파트도 잇따르고 있다. 울산시 우정혁신도시 '에일린의 뜰' 어린이 전용 욕실인 '키누스'를 보면 양변기와 세면대, 수도꼭지, 타일 등을 어린이의 신체와 정서적 특성에 맞추고 놀이방처럼 친숙하게 느끼도록 하였고 바닥에는 미끄럼 방지 타일을 적용하고 자동으로 꺼지는 절수형 수도꼭지를 설치하여 안전과 편의성을 높였다. 이밖에도 대림산업은 아파트 단지 내 어린이집에 '어린이 케어서비스' 프로그램을 도입하여 5살 이하 어린이가 뛰어놀 수 있도록 벽 모서리를 둥글게 하고 발 걸림과 손 끼임을 방지하기 위해 출입구의 문턱을 없애고 미닫이문을 설치하는 등 어린이를 위한 눈높이 공간을 마련하고 있다.

한편 성장기의 어린이는 소우주적 공간감성을 가지게 된다. 어른들 신체에 맞춘 공

일본 도쿄의 주택. 한쪽은 안전손잡이가 있는 계단,
다른 쪽은 미끄럼틀로 사용한다.
출처: http://level-architects.com

동선 다이어그램

어린이 눈높이 욕실 '키누스'
출처: 한겨레, 2011. 10. 18.

소우주공간에서 독서하는 어린이
출처: http:// cafe.daum.net/han2nubi

천장높이를 낮춘 어린이 취침공간
출처: http://cafe.daum.net/han2nubi

간에서 어린이는 광장공포증과 같은 두려운 공간감성을 가질 수 있어 자신만의 소우주를 만드는 등 포근하고 안전한 공간을 원한다. 신생아들을 이불로 감싸는 것은 새로운 공간에 대한 두려움을 덜어 주는 배려이며, 어린 시절 구석진 작은 공간이 편안했던 경험은 이러한 소우주적 공간감성에서 기인한다. 천장의 높이 조절은 어린이들의 공간감성을 표현해 주는 한 방법이 된다. 서서 활동하는 공간과 앉아서 생활하는 공간 그리고 누워서 자는 공간의 천장높이를 달리해 변화를 주면 어린이들의 정서적 심리적 안정과 함께 상상력, 창의력의 발현에도 좋은 영향을 끼칠 수 있다.

노인을 위한 맞춤 공간

빠른 고령화로 인한 노인에 대한 사회적 관심은 공간에서도 나타나고 있다. 노인을 위한 맞춤형 아파트나 노인세대가 함께 거주할 수 있는 3세대 동거형 아파트 등이 등장하고 있으며 가구나 각종 기기에 이르기까지 그 적용 범위도 넓어지고 있다. 2011년 7월, 서울시는 노인들을 위한 맞춤형 내·외부 설계와 편의시설 등을 적용한 고령자 맞춤형 아파트(세곡4단지 임대아파트)를 제안하였다. 이는 서울에 거주하는 무주택 서민층 노인 가구의 유입을 유도하였을 뿐만 아니라 무장애 디자인 barrier free을 적용시킴으로써 노인을 위한 공간적 배려가 돋보인다.

단위세대에는 복도와 현관의 폭을 1.5m로 하여 휠체어가 다닐 수 있는 충분한 공간을 확보하였고 현관 문턱을 제거해 이동에도 불편이 없도록 하였다. 또한 현관에 접이식 의자를 설치하여 신발을 신고 벗을 때 편리를 도모하였고 높낮이 조절이 가능한 싱크대와 세면기를 설치하여 접근성을 높였다. 아울러 비상호출기와 동작감지센서, 화재경보기 등 첨단안전장비를 설치하여 노인들의 위급 상황 시 바로 경비원에게 연결되도록 하였다. 외부에서는 단지의 중앙에 게이트볼장을 조성하여 노인들의 운동과 친목 도모를 유도하였고 경로당과 보육시설, 문고, 게스트하우스, 체력지원실, 세미나실 등의 편의시설도 갖추었다. 이밖에 18분의 1의 완만한 기울기를 확보한 경사로와 손잡이 난간을 설치하여 거동이 불편하거나 휠체어를 탄 노인도 수월하게 바깥으로 이동할 수 있도록 배려하였다.

유니버설 디자인이 필요한 공간에는 부엌도 있다. 최근 부엌에 서 있기 불편하거나 허리가 아픈 노인을 위해 하부장을 없애고 활용도를 높인 사례가 있다(에넥스 'UD에디션'). 개수대, 조리대, 작업대를 중심으로 둥글게 돌면서 일할 수 있는 동선으로 움직임을 최소화하고 버튼 하나로 상부장이 내려오는 자동 식기건조기, 바퀴가 달린 이동식 오픈수납장, 어깨 높이로 된 시스템장이 설치되어 사용의 편리성을 높이고 가구주변 모서리를 둥글게 처리하여 안전성을 높였다.

우리의 공간감성은 과거의 기억과 경험으로부터 친숙해진 공간을 무의식 속에 내재시킨다. 특히 노인은 과거를 회상하며 살아온 인생 속에서 자아를 확인하고자 하는 경향이 있으며 자신이 살아온 주택은 존재를 확인하고 마음이 머물게 되는 중요한 장소이다. 따라서 이사를 한다거나 그동안 지내온 환경과 다른 곳에 머물게 되면 심리적 병리현상이 나타날 수 있으므로 친숙해진 공간에서 생활할 수 있는 공간적 배려가 필요하다.

세곡4단지 임대아파트 조감도
출처: 이데일리 뉴스, 2011. 7. 7.

단지 중앙에 위치한 게이트볼장

높이 조절 가능한 싱크대

노인을 위한 좌식형 부엌(에넥스 'UD에디션')
출처: danmeechosun.com 2010. 4. 19.

신발을 신고 벗기 위한 좌석과 손잡이를
설치한 현관

노인 일상생활의 가상적 체험

노인의 일상생활을 가상적으로 체험함으로써 노인에 대한 이해를 증진시킬 목적으로 2006년 서울시 용산구에 노인생애체험센터가 설립되었다. 이러한 공간 체험을 통해 노인이나 장애인을 위한 물리적 환경개선이 필요함을 느끼고 세대 간 이해의 폭을 확대할 수 있다. 여기에는 체험자를 위한 공간교육 및 시·청·촉각체험실로 구성된 공공생활 체험공간이 있고 주택에서 가족 모두의 공간인 현관, 주방, 거실과 개인공간인 욕실, 침실 외에 좌식, 문손잡이, 가구손잡이 체험 등을 할 수 있으며 일반적인 계단과 슬로프, 노인을 위한 계단과 슬로프를 비교 체험할 수 있다.

출처: 노인생애체험센터, The Aging Simulation Center

모든 사람을 위한 공간

모든 사람을 위해 유니버설 디자인이 적용된 공간은 여러 시, 도에서도 찾아볼 수 있다. 경기도는 공공건물을 디자인할 때 고려해야 할 '차별 없는 접근, ACCESS+α'의 7가지 원칙을 마련하였는데, 이 원칙은 심미성, 편리성, 쾌적성, 환경성, 안정성, 선택성의 머릿글자를 딴 ACCESS에다 지역성 α를 추가하여 사용자의 불편을 해소하고 있다. 또한 성남시 의회는 '성남시 공공디자인 조례안'을 통과시켜 공공시설은 물론 민간시설에도 유니버설 디자인을 도입하고 있다. 경기도 화성시에 있는 복합복지관 '나래울'은 유니버설 디자인이 적용된 사례로 장애물 없는 생활환경 barrier free 1급 인증을 받았다. 한울타리에 종합사회복지관, 노인복지관, 장애인복지관이 한데 어우러져 있어 노인, 장애인, 어린이, 청소년, 여성 등 모두가 더불어 살고 있다. 이곳은 횡단보도에서 건물 진입까지 단차 없이 이동이 가능하며 경사로가 설치되어 휠체어 사용자는 물론 유모차가 드나들기에도 편리하다. 또 모든 출입문에 단차가 없고 바닥은 미끄럼 방지 처리를 하였다. 통로에는 미끄럽지 않는 핸드레일을 설치하고 손잡이 끝부분에는 시각장애인을 위해 점자표기를 부착하였으며 핸드레일 옆에는 비상호출 장치가 설치되어 있다.

또한 한국 장애인 인권포럼에서는 매년 유니버설 디자인 공모전을 개최하고 있는데, 다양한 아이디어를 가진 주목할 만한 작품들이 있다. 유니버설 에스컬레이터는 장애인, 노인, 유모차 사용자를 따로 구분하지 않고 모든 사람이 사용할 수 있도록 하였으며 건전지 '시소 seesaw'는 분리가 어려운 건전지의 양끝을 변형하여 쉽게 빼낼 수 있어 유니버설 디자인의 개념을 담고 있다.

디자인이 인간의 삶을 보다 풍요롭고 편리하게 하는 문화적 표현매체라는 측면에서 유니버설 디자인은 인간의 존엄성과 차별 없는 평등을 실현할 수 있는 21세기의 창조적 디자인 개념이다. 이는 인간을 둘러싼 모든 환경과 제품에 적용 가능한 보편적 디자인 원리이자 사용자 중심의 디자인이며 연령이나 신체적 차이, 노인이나 어린이, 장애인에 이르는 모든 사람을 위한 디자인을 추구하는 새로운 패러다임이다.

화성시 복합복지타운 '나래울' 전경
출처: 경기인터넷신문, 2011. 4. 20.

한 나라의 디자인은 그 나라의 선진성과 문화적 성숙도를 나타내는 지표이다. 이에 우리는 디자인된 환경과 제품들이 실제 사용자의 요구를 제대로 만족시키고 있는가를 살펴보고 환경과 사용자인 인간 간의 관계를 되짚어 볼 필요가 있다. 이제는 사회적 약자를 위한 배려가 아닌 모든 사람이 같이 사용할 수 있는 유니버설 디자인을 생각해 볼 때이다.

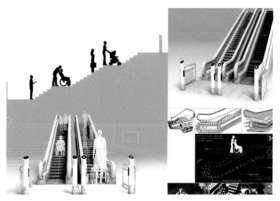

UD 공모전 3회 환경부문 최우수상 장원균, 유니버설 에스컬레이터
출처: 한국 장애인 인권 포럼 홈페이지

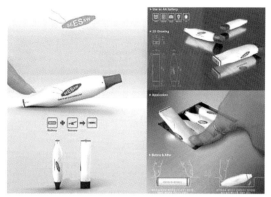

UD 공모전 5회 제품부문 대상 김영석, 건전지 '시소(seesaw)'
출처: 한국 장애인 인권 포럼 홈페이지

참고문헌

고영준(2011). **사용자중심의 유니버설 디자인 방법과 사례.** 경기: 한국학술정보(주).

김혜정(2000). **고령화 사회의 은퇴주거단지 디자인 공간행태이론을 중심으로.** 서울: 경춘사.

이연숙 · 이성미 (2006). **건강주택.** 서울: 연세대학교출판부.

田中直人 편(2004). **유니버설 환경디자인**(유니버설디자인연구센터 역). 부산: 학예출판사.

조원용(2010). **건축, 생활속에 스며들다.** 서울: 창의체험.

홍형옥 외 14인 (2005). **생활 속의 공간예술.** 서울: 교문사.

홍형옥 · 오혜경 · 주서령 · 지은영 · 홍이경 · 유병선(2006). **신개념 주거공간 노후용 공동생활주택.** 서울 : 경희대학교출반부.

http://blog.hinatadesigns.jp/?eid=56

http://blog.hscity.net/971

http://udrc.or.kr/

http://v.daum.net/link/15951807?srchid=IIM8zaUB000

http://www.aging-simulation.or.kr/index.html

http://level-architects.com

http://www.ncsu.edu/project/design-projects/udi/

Chapter 12

지속가능, 친환경 웰빙공간

'친환경'과 '웰빙(well-being)'은 이미 사회 전반에 널리 알려져 있다. 이는 생활수준이 높아지면서 좀 더 건강한 집에서 살고 싶다는 욕구가 '환경'이라는 시대적 요구에 부합되어 나타난 현상이다. 친환경 웰빙이란 삶의 질을 강조하는 용어로 환경에 친화되어 정신적, 신체적으로 건강함을 줄 수 있어야 한다. 그렇다면 환경과 건강을 고려한 친환경 웰빙공간은 어디까지 진행되어 왔으며 그것이 가진 허와 실은 무엇일까? 이 시대 구체적인 실천적 과제로서 친환경 웰빙공간에 대해 살펴보자.

12 | 지속가능, 친환경 웰빙공간

■ 이제는 친환경이다

21세기의 사회적 화두는 '환경'의 문제이다. 1992년 기후변화에 전 세계가 공동으로 대응하자는 리우 환경회의를 시작으로 환경은 인류의 생존을 위협하는 문제로 인식되어 왔다. 우리 정부의 '저탄소 녹색성장Low Carbon Green Growth'도 이러한 환경문제에 대응하는 일환이며 이를 구체화하기 위한 여러 제도 및 정책들이 시도되고 있다. 국토해양부의 '에너지절약형 친환경주택의 건설기준' 및 '주택건설기준 등에 관한 규정'을 통해 친환경주택에 대한 실천계획이 제시되었고 '녹색건축물 활성화 추진전략'을 통해 공동주택의 에너지를 의무적으로 절감하도록 하는 방안이 추진 중에 있다.

주택에서의 친환경은 건강을 생각한 웰빙공간, 에코하우징, 생태주택, 건강주택 등 유사한 개념과 이름으로 발달되어 왔다. 친환경의 개념을 건축물에 제도적으로 접목시킨 것으로는 '친환경건축물 인증' 제도가 있다. 이는 우리가 생활하는 건축물이 인간과 자연의 상생을 방해하지 않도록 토지이용 및 교통, 에너지 및 환경부하, 생태환경, 실내환경으로 나누어 각각의 지표에 따라 점수를 산정하고 이를 인증하는 제도이다. 공동주택부문에는 '주택성능등급'이 있는데, 이는 공동주택의 실내 및 외부환경을 소음, 구조, 환경, 생활환경, 화재·소방부문의 5개 부문으로 나누고 각 지표에 따라 이를 인증하는 제도로 1000세대 이상 공동주택은 의무적 대상이 된다. 이외에도 건축물에서 발생할 수 있는 탄소배출 원인을 설계단계에서부터 제거한 '친환경주택 그린홈'과 새집증후군 문제를 개선하기 위한 '청정건강주택', 그리고 에너지절약형 건물의 보급을 위한 '건물에너지효율등급 인증' 등 환경에 대한 위협으로부터 우리를 지켜내기 위한 제도적 노력이 진행 중에 있다.

환경문제를 해결하기 위한 자구책이든 지속가능한 미래발전을 위한 것이든 우리는 바야흐로 '친환경'의 시대에 살고 있다. 미국, 독일 등의 선진국에서는 이미 화석에너지의 사용이 없는 제로하우스 단지가 시범 운영되고 있으며 우리나라에서도 선두권의 건설사들이 이를 위한 연구에 박차를 가하고 있다. 따라서 우리의 주거공간도 '친환경'이라는 글로벌 명제에 부합하는 방향으로 발전할 것임은 분명하다. 이제는 친환경이다.

■ 무늬만 친환경인가

친환경아파트의 감춰진 얼굴

"친환경 생태공원이 조성됩니다."

"친환경 웰빙 주거공간으로의 초대"

최근의 아파트 분양광고를 보면 흔히 접하게 되는 광고문구이다. 건설업체들은 아파트 단지내 헬스장 설치, 친환경자재 사용 등 입주자의 건강을 생각하는 웰빙아파트를 앞세우며 친환경적인 요소들을 강조하고 있다. 환경친화, 생태적, 에코, 그린, 자연, 웰빙 등 그 이름도 다양하다. 언제부터인가 친환경은 아파트의 '기본사양'처럼 인식되기 시작한 것이다. 광고대로라면 요즘 아파트는 너무도 깨끗해서 새집증후군이나 공기오염을 걱정하지 않아도 될 정도이다.

친환경아파트에 대한 관심은 2002년부터 시행된 '친환경건축물 인증제도'에서 본격화되기 시작하였다. 이 제도가 시행된 2002년에서 2006년까지 4년간 친환경건축물 본인증을 받은 아파트는 최우수 2곳과 우수 6곳 등 8곳에 불과하였지만 2006년 말 정부의 친환경건축물에 대한 인센티브 부여와 친환경에 대한 사람들의 관심이 증

'친환경'을 강조하는 아파트 광고

대되면서 2011년에는 최우수 10곳과 우수 69곳이 인증을 받았다. 그러나 여전히 친환경 인증 아파트는 전체 아파트의 수에 비해 매우 적은 부분을 차지하고 있다. 친환경건축물 인증은 그 수가 적은 것도 문제이지만 보다 근본적인 문제는 건설회사들이 친환경을 내세우면서도 대부분 친환경건축물 인증제도를 외면하거나 홍보용으로 활용하는 이중성을 보이는 데 있다. 즉, 건축허가와 사업계획승인 단계에서 '예비인증'을 받고, 이를 홍보용으로만 사용한 뒤 '본인증' 절차를 밟지 않는 건설회사가 적지 않다는 것이다. 더욱이 이를 사후에 관리, 감독할 정부부처나 기관도 없고, 실제 친환경 인증을 받은 아파트에 살고 있는 주민들도 얼마나 에너지가 절약되고 있는지 실감하지 못하는 경우가 대부분이다.

현재 환경부는 친환경건축자재를 대상으로 '환경마크'를 부여하고 있다. 제품 원료부터 생산, 유통, 수거, 폐기에 이르기까지 거의 전 과정에 걸쳐 인체에 유해한 오염물질이 일정 기준 이상 발생하지 않는 제품에 한해 이를 인증해 준다. 하지만 문제는 친환경 최우수 인증 아파트에서조차 환경마크 인증자재를 거의 사용하지 않는다는 점에 있다. 친환경 최우수 인증을 받은 아파트의 경우, 벽지와 바닥재, 시트 모두 '환경마크' 제품을 사용하지 않고 대신 단지 내 설계와 옥상 조경시설, 빗물저장 시스템 등의 외부설계를 친환경건축 기준에 따라 설계하여 최우수 인증을 받은 아파트가 있다. 이는 친환경 인증 시 전체 합산점수가 일정점수 이상일 때(최우수 74점, 우수 66점 이상) 인증을 받을 수 있기 때문이다. 또 하나 간과해서는 안 될 친환경자재의 문제점으로 재료자체가 친환경이라 하더라도 여기에 사용된 접착제가 친환경이 아닐 경우 유해물질이 발생할 수 있다는 것이다. 비싼 값을 치르고 산 자재들을 무용지물로 만들 수 있다는 점을 기억해야 한다.

집이 사람을 공격한다, 새집의 역습

새집에 대한 욕심이 없는 사람이 없을 것이다. 그러나 예쁘고 깨끗하게 치장한 새집의 이면엔 새집증후군이라는 감춰진 얼굴이 있다. '새집증후군sick house syndrome'이란 집이나 건물을 지을 때 사용하는 건축자재나 벽지 등에서 나오는 유해물질로 인해 거주자들이 느끼는 건강상 문제 및 불쾌감을 이르는 용어이다. 일시적으로는 눈과 목이 아프고 가려움증이나 집중력 저하 등의 증상이 생기지만 면역력이 약한 아이뿐만 아니라 어른까지도 이전에 없었던 알레르기 질환과 아토피가 생길 수 있으며 오랜 기간 노출되면 호흡기질환, 심장병, 암 등의 질병까지 나타날 수 있다. 사람을 보호해야 할 집이 오히려 사람을 공격하는 것이다. 새집의 역습이다.

이러한 문제를 개선하고자 국토해양부는 '청정건강주택clean health house'을 제정하였다. 청정건강주택은 새집증후군 문제를 개선하여 거주자에게 건강하고 쾌적한 실내환경을 제공할 수 있도록 일정 수준 이상의 실내 공기질과 환기성능을 확보한 주택이다. 이는 청정건강주택 건설기준 자체 평가서에 따른 평가결과 최소기준을 충족하고 권장기준 중 3개 이상의 항목에 적합한 주택에 부여되며 설계 · 시공부터 입주 후 유지관리 단계까지 주택을 청정하고 건강하게 건설 · 관리할 수 있는 기준이 제시되었다.

이러한 제도적 보완 외에도 손쉽고 비용이 들지 않는 해결방법은 환기이다. 오전 · 오후 하루 두 번 이상의 환기를 생활화하고 시간대로는 오전 10시 이후 또는 일조나 채광량이 많은 낮 시간대를 이용하면 좋다. 또한 실내를 충분히 '베이크-아웃bake-out'하는 방법이 있는데 이는 일정시간 실내온도를 높인 후 환기를 반복함으로써 건축자재나 가구 등의 유해물질을 제거하는 방법으로 공사 완료 후 실시하면 좋다. 이외에도 꽃 · 나무 등이 식재된 화분을 배치하거나 참숯을 거실이나 방안에 놓아 오염물질을 흡수 · 제거하는 탈취방법이 있다.

■ 지금은 그린시대

친환경을 디자인하다

친환경은 모든 산업 및 사회전반에 걸쳐 '그린'을 각인시키고 있다. 건설업체들은 독특하고 차별화된 '그린아파트' 마케팅에 나서고 있으며, 건폐율과 녹지율 등의 구체적인 수치를 강조하거나 태양열, 지열 등 신재생 에너지의 사용과 에너지 절약기술에도 관심을 가진다. 과거 단순히 녹지율이 높다거나 공원이 인접해 있다는 정도와는 달라진

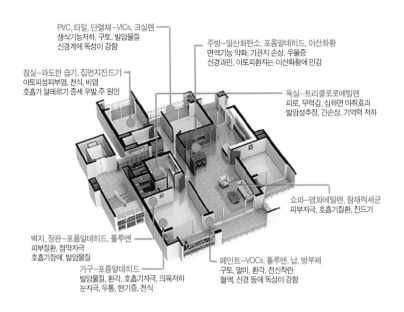

PVC, 타일, 단열재−VICs, 크실렌
생식기능저하, 구토, 발암물질
신경계에 독성이 강함

주방−일산화탄소, 포름알데히드, 이산화황
면역기능 약화, 기관지 손상, 우울증
신경과민, 아토피환자는 이산화황에 민감

침실−과도한 습기, 집먼지진드기
아토피성피부염, 천식, 비염
호흡기 알레르기 증세 우발 주 원인

욕실−트리클로로에틸렌
피로, 무력감, 심하면 마취효과
발암성추정, 간손상, 기억력 저하

쇼파−염화에틸렌, 잠재적세균
피부자극, 호흡기질환, 진드기

벽지, 장판−포름알데히드, 롤루엔
피부질환, 점막자극
호흡기장애, 발암물질

페인트−VOCs, 톨루엔, 납, 방부제
구토, 멀미, 환각, 전신착란
혈액, 신경 등에 독성이 강함

가구−포름알데히드
발암물질, 환각, 호흡기자극, 의욕저하
눈자극, 두통, 현기증, 천식

새집증후군의 원인과 증상 출처: http://cafe.daum.net/smileclean2

양상이다. 정부도 친환경 아파트의 건설을 독려해 건설사들의 그린마케팅에 우호적인 여건을 만들고 있다. 친환경 단지의 대표적 사례로 GS건설의 일산자이 위시티는 최신 홈네트워크 시스템과 안전, 보안시스템, 디지털 생활환경을 갖춘 유비쿼터스 도시^{U-시}로 건설된 친환경 아파트이다. 지상엔 보행자 전용으로 차가 다니지 않으며 단지 안에는 물, 숲 등을 활용한 약 100개의 테마 정원이 조성되면서 거대한 자연생태 단지를 이루고 있다. 이러한 단지구성을 통해 '2011 세계 조경가 대회'에서 대상을 수상하였

일산자이 위시티의 조경
출처: 한국주택신문, 2011. 3. 19.

자이안센터 로비

다. 또한 친환경적인 공간 조성을 위해 음식물 쓰레기를 각 층 옥내 코어에서 인식카드를 이용해 버릴 수 있는 쓰레기 자동수거 시스템을 설치하였다.

이웃과의 커뮤니티는 친환경 디자인에서 인간이 중심이 되는 중요한 개

한화건설의 '자연을 담은 놀이터'

한화건설의 '숲속의 오케스트라' 놀이터

현대건설의 '자연 에너지' 놀이터

념이다. 아파트의 문제점으로 지적되어 온 이웃과의 단절은 커뮤니티 공간과 이의 활용을 통해 해결될 수 있다. GS건설의 자이^{Xi}는 주민 공동 편의시설을 특화한 '자이안센터^{Xian center}'를 통해 이웃과의 소통을 꾀하고 있다. 여기에는 개인 스튜디오, 게스트 하우스, 독서실, 리셉션 라운지, 휘트니스 센터, 수영장, 클럽하우스 등 각 단지별 특성에 맞춘 커뮤니티 공간을 계획하여 거주자 간의 유대관계를 증진시키고 있다. 공동시설을 통해 자연스럽게 쌓인 커뮤니티는 골프, 풍선아트, 산악회 등 동호회 활동으로까지 이어진다. 또한 아파트 단지 설계에 '워커블 커뮤니티^{walkable community}'를 도입하였는데 이는 각종 편의시설을 동별로 분산 배치하여 주민들의 보행을 유도하고 늘어난 보행량을 통해 이웃과의 접촉기회를 자연스럽게 늘리도록 한 방법이다. 이러한 개념은 신체적, 정신적으로도 건강한 주거환경을 추구한다는 점에서 친환경의 개념을 담고 있다.

어린이들을 위한 놀이터 디자인 또한 친환경 단지에서 중요한 요소이다. 한화건설의 경기도 일산에 설치된 '숲 속의 오케스트라'는 피아노 펌프, 클라리넷 비눗방울 등의 놀이기구로 구성된 어린이 놀이터로 에스로우^{s-low}의 디자인 철학을 담고 있다. 인천 청라의 '자연을 담은 놀이터'도 계절의 변화가 뚜렷한 우리나라 환경에 맞게 변화하는 친환경 놀이터이다. 달팽이의 나선형 구조를 본뜬 이색적인 모양으로 중앙에 아름드리 나무를 배치해 자연과 조화를 이루도록 하였다. 현대건설은 레드닷^{red dot} 디자인 어워드 2010에서 친환경 놀이터인 '자연 에너지 놀이터'로 최고상을 받았다. 놀이터 디자인과 신재생 에너지 발전 기술을 결합하여, 운동에너지를 놀이기구를 통해 전기에너지로 변환할 수 있는 시스템이다.

건강을 배려하다

인간을 담는 친환경의 내용으로 거주자의 건강을 배려하는 공간적 대안들이 등장하고 있다. 즉, 방 배치나 실내조명, 천장높이 등 주택에 대해 거주자의 뇌가 어떠한 반응을 보이는지 과학과 디자인의 접목이 활발히 진행 중이다. 조니 그레이^{Johnny Grey}는 조명, 색상, 장식, 시선처리를 고려하여 이를 주택에 적용하였다. 그가 디자인한 감성부엌은 음식을 준비하는 사람이 가족이나 손님을 정면으로 바라보면서 요리할 수 있도록 하였다. 이는 손님이나 가족들을 등지고 작업하게 되면 불안감을 유발하게 하는 물질 아드레날린과 코티졸이 분비되지만 가족을 정면으로 바라보게 되면 즐거움을 주는 물질 옥시토린과 세로토닌이 분비된다는 사실에 근거하고 있다. 이를 위해 원형 조리대를 설치하거나 부엌을 다목적 공간으로 변화시키는 대안을 제시하였다.

또한 조명이 신체호르몬 반응을 조절하기도 한다. 창문을 내다볼 때 뇌는 활발한 반응이 일어나지만 창문이 없고 조명이 어두운 방에서는 스트레스 호르몬이 분비되어 정서적 불안감이 유발된다. 디자이너가 아늑한 공간을 연출하기 위해 조명을 어둡게 하는 것은 다시 생각해 보아야 한다. 한동안 인기를 끌었던 미니멀리즘 디자인도 감성적 측면에서는 적절치 못하다는 연구결과가 있다. 사람들은 그림, 물체, 독특한 색채, 직물에 활발한 신경반응을 일으키므로 시선을 끄는 대상이 많을수록 공간에 대한 긍정적 시각을 갖게 되고 사용자의 웰빙도 개선된다고 한다. 사람들은 꽃, 음식, 물 등 자연의

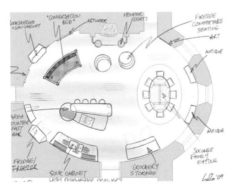

Leila Byrne의 The Atmosphere of Being
출처: http://www.johnnygrey.com

Johnny Grey가 디자인한 부엌
출처: http://www.johnnygrey.com

이미지를 볼 때 정서적으로 편안함을 느끼는 반면 공간이 무미건조하거나 반대로 어지럽게 물건들이 널려 있으면 스트레스 호르몬이 분비된다.

친환경주택하면 '한옥'을 빼놓을 수 없다. 한옥은 철저한 친환경주택으로 친환경에 대한 가치가 높아지면서 한옥에 대한 관심이 증가하고 있다. 우리의 삶을 담아냈던 한옥이 가지는 친환경적인 모습에는 어떤 것들이 있을까? 일례로 충남 논산의 윤증선생 고택에는 곳곳에 자연 에너지를 이용하는 친환경의 모습들을 볼 수 있다. 아래 그림에서 보면, 왼쪽 건물이 곳간이고 오른쪽 건물은 안채이다. 건물 사이의 낮게 패인 공간이 물길인데, 그림에서 보면 곳간과 안채를 틀어지게 배치하여 앞쪽과 뒤쪽의 물길 길이에 차이가 나는 것을 알 수 있다. 간단하게 보이는 이 비스듬한 배치가 자연을 담아내고 있다. 먼저 태양의 일조와 일사를 조절하여 안채의 채광과 보온성을 높인 점인데, 두 건물이 처마를 마주할 정도로 바짝 붙어 있는데도 북쪽보다 남쪽 부분을 넓혀 안채에서 따뜻한 햇볕을 잘 받도록 하고 있다. 나란히 배치하였을 때보다 효율적인 보온과 적절한 채광의 확보가 가능하다는 것이다. 다음으로는 바람을 이용한 것인데, 두 건물을 비스듬하게 놓으면 바람이 통과하는 공간의 양쪽 간격은 달라진다. 즉, 남쪽이 넓고 북쪽이 좁아지는데 이렇게 되면 공간이 넓은 남쪽에서 들어온 바람이 좁은 북쪽 공간으로 빠져나갈 때 바람의 속도가 빨라져 더 시원하고 반대로 북쪽에서 들어온 바람은 남쪽으로 빠져나가면서 속도가 느려지고 약해지는 것이다. 하나의 사례지만 한옥은 자연을 거스르지 않으며 있는 그대로의 자연을 이용하고 조절한다.

친환경에 대한 관심은 자연스럽게 우리 전통한옥에 대한 애정과 관심으로 옮겨졌고 이는 한옥마을이나 한옥형 아파트라는 새로운 시도들로 나타나고 있다. 그동안 주택에서의 건강문제는 사람들에게 크게 인식되지 못했다. 그러나 오랜 시간 거주하는 주거환경이 건강에 영향을 끼친다는 사실에 주목해야 하며 이

윤증선생 고택의 곳간과 안채

'2011 서울국제건축박람회'에 전시된 그린한옥

러한 연구들과 디자인적 대안들을 바탕으로 인간과 자연이 조화를 이루어 공존하는 방향을 모색해야 한다. 물론 한옥의 원형을 현대에 그대로 답습하라는 것이 아니라, 한옥이 가진 건강성은 친환경공간의 개발의 실마리를 제공해 줄 수 있을 것이며, 현대 친환경이 추구해야 할 가치를 생각해 보게 할 것이다.

에너지를 활용하다

흔히 꿈의 집이라고 알려진 '제로에너지 하우스 zero energy house'는 필요한 에너지를 직접 생산하고 낭비되는 에너지를 대폭 줄인 친환경에너지 주택이다. 즉, 외부에너지가 필요하지 않은 주택으로서 세대 내 냉난방과 전력, 급탕, 취사에 이르는 모든 에너지를 자체생산하고 외부로의 유출을 차단하는 절감에너지로 에너지 소비율이 제로인 주택을 말한다. 이미 미국, 일본을 비롯한 유럽 여러 나라에서도 이러한 주택을 실험 중에 있으며 실제 거주하여 이에 대한 효용을 입증하고 있기도 하다.

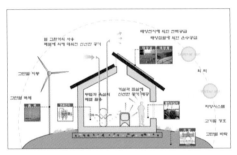

제로에너지 건물 개념도
출처: 한국주택신문, 2011. 6. 8.

에너지 활용을 강조한 아파트 광고
출처: e-편한세상 홈페이지

Green Tomorrow 전경
출처: http://www.greentomorrow.co.kr

Zener Heim 전경
출처: http://zenerheim.co.kr

우리나라에서도 신재생에너지 기술을 적용한 에너지 자립형 미래 주택이 시도되고 있다. 삼성물산의 그린 투모로우green tomorrow, 대우건설의 제너하임zener heim 등이 대표적 사례이다. 이와 같은 제로에너지 주택은 신재생에너지로 필요한 에너지를 충당하기 때문에 이산화탄소 배출이 원천적으로 봉쇄될 뿐만 아니라 거주자는 아파트 관리비에서 냉·난방비와 급탕비를 내지 않는 장점이 있으며 온실가스 감축에도 큰 도움이 될 것으로 기대되고 있다. 물론 여기에는 초기 비용이 많이 들어가는 점, 에너지 비용이 저렴한 반면 에너지 소비를 줄이기 위한 정부의 대책이나 인센티브가 약한 점 등 이의 발전을 저해하는 요인들이 있지만 여전히 제로에너지 주택은 지속가능한 친환경 웰빙 공간으로의 충분한 가치가 있다.

에너지 사용을 줄이는 것과 함께 에너지 활용에서 중요한 방법은 에너지를 재생하는 것이다. 환경폐기물의 양을 줄여 다시 재활용하는 기술은 에너지 재생의 중요한 부분이다. 대표적 사례로 '장수명 주택long life housing'이 있다. 현재 통용되는 오픈하우징open housing, 오픈빌딩open building 등을 총칭하는 용어로 이는 사람과 주택이 함께 100년을 살 수 있는 지속가능형 주택이다.

건물의 뼈대가 되는 콘크리트의 수명은 보통 100년 정도이다. 그러나 콘크리트 내부의 배관·배선 등이 오래되면 사용하지 못하므로 우리나라에서는 대체로 30~40년이 지나면 집을 헐고 새로 짓는다. 국내 아파트의 평균 수명은 22.6년, 단독주택은 32.1년, 연립주택은 18.7년으로 영국140년, 미국103년, 프랑스85년 등 선진국에 비해 턱없이 짧으며 일본 역시 30년으로 우리보다 긴 편이다. 결국 우리나라에서는 건물 수명이 다해 집을 허무는 것이 아니라 내부설비나 미관이 나빠져 집을 허물고 있다. 이는 경제적, 환경적 측면에서 큰 낭비이다.

이미 유럽에는 오픈 하우징이란 이름으로 장수명 주택이 널리 확산되어 있으며 장수명 주택은 세대 수나 취향, 또는 생애 주기에 따라 집 구조를 다양하게 변화시킬 수 있다는 장점이 있다. 이를 가능

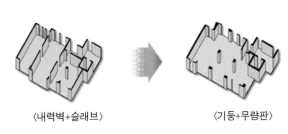

〈내력벽+슬래브〉　　〈기둥+무량판〉

FCW(Flat plate Column Wall)시스템
출처: 국토해양부

하게 하는 기술로서 FCW ^{flat plate column wall} 시스템은 측벽과 경계벽을 제외하고 내부 칸막이를 기둥과 무량판^{Flat plate slab}으로 대체하는 방식이다. 즉, 벽을 거주자 마음대로 움직여서 자유자재로 방을 만드는 '가변형 벽체'를 의미하는 것으로 세대 수나 취향, 또는 생애주기에 따라 집 구조를 다양하게 변화시킬 수 있다는 장점이 있다.

이러한 공법을 활용하여 LH공사는 가변형주택을 제안하였다. 침실을 부부의 취미공간으로 활용한 '부부중심형', 주방에 인접한 침실을 식당이나 가사공간으로 통합하는 '주부중심형', 자녀 수에 따라 방을 구획하거나 통합해 사용하는 '자녀중심형', 노부모를 부양하는 경우 거실에 인접한 방을 가족실로 사용하는 '3대 동거형' 등 생활패턴과 가족구성에 따라 내부공간을 다양하게 바꿀 수 있다. 그러나 콘크리트 벽식 구조에 비해 공사비가 더 들어간다는 단점과 경량^{輕量}식 벽을 사용할 경우 세대 간 소음이 발생할 수 있다. 그러나 이제는 지속가능한 환경과 삶을 위해 주거를 '사는 것'에서 '사는 곳'으로의 인식전환이 필요한 시점이며 장수명 주택은 하나의 대안이 될 것이다.

그린라이프를 만들다

최근 우리사회는 건강하고 풍요로운 생활을 지속하기 위해 인간과 환경이 풍부한 혜택을 서로 공유하려는 공생에 무게를 더하고 있다. 이에 주거공간에서도 친환경공간을 강조하고 있지만 진정한 의미의 친환경공간인가에 대한 의문을 갖게 한다. 건설업체들이 내세우는 '친환경'이란 유해물질이 적게 배출되는 자재 사용과 녹지비율 확대가 대부분이어서 쾌적성에만 초점을 맞추었을 뿐 지구의 환경을 보전하고 주변환경과 어울리는가의 문제는 고려하지 않고 있다. 친환경공간이 되려면 에너지와 자원을 보호하는 것은 물론 생활 그 자체가 자연의 순환과 환경에서 이루어짐을 인식하고 지속가능한 사회가 유지되도록 실천적 방향에서의 그린라이프 만들기가 필요하다. 우선 가정에서부터 거주자 스스로가 환경부하 절감을 위한 노력을 해야 한다. 주거생활에서의 이러한 자발적 노력을 위한 제도로서 '주택 에코포인트 제도'는 시사하는 바가 크다. 주택 에코포인트 제도는 지구 온난화에 대비하고 경제의 활성화를 목적으로 주택을 신축하거나 리모델링할 때 포인트를 발급하고 이를 상품으로 교환하거나 추가 공사비로 충당할 수 있게 하는 것이다. 친환경 기준 충족 시 신축은 최대 300,000포인트 [1포인트=1엔]를 지급하며, 리모델링은 창, 벽체, 베리어프리 barrier free 등으로 세분화하고 각 부분의 점수를 합산하는 것으로 상한은 300,000포인트이다. 기존의 환경정책이 규제중심이었던 반면, 이 제도는 기업과 소비자들의 자발적 친환경행동을 촉진하는 지원중심의 정책이라는 데 의의가 있다. 정책입안에 있어서도 이제는 보여지는 현상에서 벗어나 주민 스스로 참여할 수 있는 보다 적극적인 방법을 입안하고 실행해야 할 때이다.

참고문헌

건축도시공간연구소(2010). **auri M 창간호, 01.** 안양: 건축도시공간연구소.

박경훈(2004). **환경의 역습.** 서울: 김영사.

연세대학교 밀레니엄환경디자인연구소(2005). **친환경 공간디자인.** 서울: 연세대학교출판부.

홍성태(2007). **개발주의를 비판한다.** 서울: 당대.

http://ecomileage.seoul.go.kr/

http://greenbuilding.re.kr/

http://jutaku.eco-points.jp

http://www.ecokitc.com/main/main.asp

http://www.johnnygrey.com/portfolio/uk/bath.html

http://www.ecokitc.com

http://www.greencode.kr

http://www.zenerheim.co.kr/

Chapter 13

기술, 스마트공간

상상 속의 공간이 현실로 다가오고 있다. 열지 않아도 보여 주고, 나가보지 않아도 알려주고, 고민하지 않아도 선택해 준다. 단순 거주 공간에 머물던 종래의 '수동적' 주택은 사라지고, 이젠 인간과 주거 공간이 상호 소통하는 '쌍방향' 커뮤니티 공간으로 진화하고 있는 것이다. 삼성경제연구소는 최근 10년 후 미래주택의 진화 방향을 전망하며 그 가운데 스마트홈이 향후 주거시장의 핵심 트렌드로 떠오를 것으로 내다봤다. 그동안 국내 주택기술의 진보가 외관과 평면, 설계 등 하드웨어에 집중했다면, 앞으로의 진화는 첨단과학과 IT기술이 융합되는 주택 소프트웨어의 발전이 될 것이라는 예측이다. 스마트홈 기술은 이미 부분적으로 국내 건설업체들에 의해 개발되고 실제 주택건축에 채택되고 있다.

Chapter
13 | 기술, 스마트공간

■ 유비쿼터스 생활공간

지능형 주거를 누리다

먼 미래에나 가능하다고 여겨지던 스마트공간은 이제 우리에게 다가와 현실화되고 있다. 2000년대에 들어서면서 미래 주거공간의 주된 콘셉트는 지능형 주거^{intelligent home}, 라이프 케어^{life care}를 위한 부대시설의 보강, 호텔식 서비스, 자연친화적 공간, 설비와 재료의 고급화, 주문형 옵션제도, 소형주택, 생애주택, 캡슐주택 등 다양한 방면에서의 예측이 수없이 쏟아져 나왔다. 이들의 공통점은 첨단 스마트 기술을 이용한 생활의 편리함이며 이는 주거공간뿐 아니라 도시로 확대되어 생활의 안전 및 편리성이 확장될 것이다.

지능형 환경이란 건물의 건축적 구성요소 자체를 지능화하여 건물에 거주하고 사용하는 사람, 사물에게 적극적으로 IT서비스를 제공하는 환경을 말한다. 실내를 구획하는 벽이 정보를 제공하거나 영상회의를 가능케 하는 미디어 월^{media wall}이 되거나, 건물

스마트홈 AV 시스템 플로어 스크린   스마트홈 에너지관리 시스템

출처: http://davidlongdesigns.blogspot.com

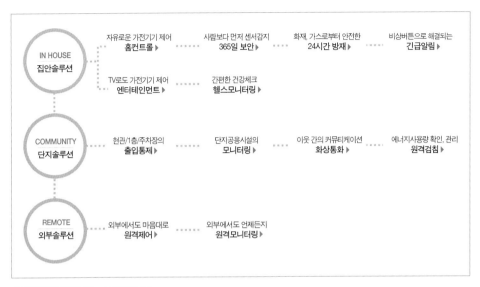

실생활에 적용되고 있는 스마트홈 기술

내 온도와 습도 환경정보를 모니터링하고 공조설비 컨트롤러가 이를 조절하는 등 공간을 컴퓨팅화하고 네트워킹화하여 사람과 사물이 전자적으로 소통하게 된다. 거주자는 네트워크 시스템에 따라 서비스를 받을 수 있고, 떨어진 공간이라도 인지적으로, 감정적으로 연결된 공간으로 느낄 수 있게 된 것이다.

유무선 통신과 디지털 정보기기를 기반으로 홈네트워킹과 인터넷 정보가전을 이용해 언제anytime, 어디서any-place, 어떤 기기any-device로도 컴퓨터 이용이 가능한 유비쿼터스Ubiqutus 환경을 가정 내에 실현해 '생활환경의 지능화, 환경친화적 주거생활, 삶의 질 혁신'을 추구하는 지능화된 가정 생활환경, 주거공간을 스마트홈smart home이라 한다. 지금까지 알려진 대표적인 스마트홈 기술은 모든 디지털 가전기기를 원격 제어할 수 있는 스마트 디지털가전 AV기술과 냉난방, 습도, 공기의 자동관리를 담당하는 스마트홈 에너지 관리기술 및 가족구성원의 바이오정보 측정을 위한 스마트홈 헬스케어 기술, 그리고 생체인식 보안과 동작감지센서 등을 다루는 스마트홈 시큐리티 기술 등이 있다.

아파트가 똑똑해지면 생활이 편리해진다

단순한 주거개념에서 출발해 1980년대 말 등장한 홈오토메이션 아파트, 1998년 이후 초고속 인터넷망 보급에 따른 사이버아파트, 홈오토메이션과 인터넷이 결합한 홈네트워크아파트 그리고 최근에는 미래형, 최첨단 유비쿼터스 감성아파트에 이르기까지 인간의 변화무쌍한 욕구만큼이나 아파트의 진화도 빠른 속도로 이뤄지고 있다. 20세기 말, 첨단기술의 발달로 다가올 가까운 미래 예측 시, 자주 언급되는 단어는 단연 유비쿼터스였다. 유비쿼터스란 물이나 공기처럼 시공을 초월해 언제 어디서나 존재한다는

유비쿼터스 감성아파트

매직미러-의상코디

건강상태 체크 디지털 욕조

뜻의 라틴어로 사용자가 장소에 상관없이 자유롭게 네트워크에 접속할 수 있는 것을 뜻한다.

2005년도에 처음 국내 한 건설사 아파트에 선을 보이면서 유비쿼터스는 아파트 분양 광고에 빼놓을 수 없는 필수항목이 되었다. 삼성건설은 '래미안 U플랜'에서 ① 자유롭게 언제 어디서나 유비쿼터스 환경에 접속할 수 있는 'U-Tech' ② 미래기술과 시스템의 집안으로 끌어들여 최적의 주거환경을 만들어 주는 'U-Quality' ③ 누구나 이용이 가능하도록 쉽고 편리하게 유비쿼터스 기능을 적용한 'U-Design' ④ 쉽고 편리하게 다양한 생활문화서비스를 제공하는 'U-Service'로 구체적인 적용은 사용자가 옷을 꺼내지 않아도 착용 후 모습을 볼 수 있는 매직미러, 오감을 자극해 정서의 안정감을 찾을 수 있는 감성 정원, 앉으면 음악이 나오는 디지털 감성 벤치 등 변화하는 시대를 향한 새로운 제안이 눈에 띄었다. GS건설은 보관음식물 상황과 유통기한까지 고지해 주는 냉장고, 세탁물 오염 정도에 따라 세제량을 자동 조절해 주는 스마트 세탁기를 도입하는 등 다양한 방법이 제시되고 있다.

현대건설 또한 힐스테이트를 통해 차별화된 주거 첨단기술을 선보이고 있다. 첫째, 주택보안으로, 순찰 및 CCTV 시스템 활용에 그쳤던 기존 보안시스템에서 벗어나 보안의 사각지대까지 꼼꼼히 체크하고 있다. 예를 들어, 지하주차장에 차량을 주차시키면 첨단 주차 정보시스템을 통해 거주자 동선에 맞춰 CCTV가 작동한다. 지능형 조명시스템 G-IT 시스템은 탄력적인 조도가 확보되어 입주자의 보안을 강화시켜 주는 방식이다. 또

현대건설이 힐스테이트에 선보이는 유비쿼터스 기술
출처: http://www.hillstate.co.kr/gangseo

현관 출입 시 스마트키를 지니고 있으면 손가락을 터치하기만 해도 자동으로 문이 열려 집에 들어갈 수 있다. 아파트 외부에서도 스마트키를 가지고 있으면 보안시스템이 자동으로 감지해 자녀나 가족의 상황을 실시간으로 확인할 수 있다. '유비쿼터스 골든 키ubiquitous golden key'라는 스마트키 하나가 출입·주차·안전까지 책임지는 만능키인 셈이다. 둘째, 에너지 절감으로 감지 센서가 에너지의 사용량을 측청하는 USN ubiquitous sensor network 시스템의 개발이 그것이다. 에너지 모니터링 속도계 '에너지클락'은 전등·전열·가스·수도 등의 에너지 사용량을 실시간으로 볼 수 있어 한 달에 한 번 고지서를 통해 확인하던 사용량을 필요할 때마다 확인해 스스로 조절할 수 있게 한 것이다. 태양광 발전을 이용한 전력생산도 주력하고 있는 부문이다. 옥탑에 태양광 모듈을 설치하면 하루 총 297kWh 연간 총 10만 6920kWh의 전기가 생산되고 이렇게 생산된 전기는 각 세대 전기 공급의 일부를 담당한다. 반포 힐스테이트 397세대를 보면 연간 약 3000만 원의 전기료를 아낄 수 있어 세대 당 연간 약 7만 8000원 정도의 전기료 절감 효과가 있다고 한다.

초기의 유비쿼터스는 주로 주택관리 및 보안에 적용되었으나 최근에는 기분에 맞춰 집안 분위기를 조절하는 등 감성적인 부분을 관리하고 있다. 이제는 집 주인의 기분을 바꿔 주는 거실 조명과 벽면, 기호와 날씨에 따라 적절한 메뉴를 추천하고 요리 정보를 제공하는 부엌 조리대, 아이를 위해 엄마, 아빠의 목소리로 책을 읽어 주기도 하고 직접 그린 그림으로 벽면을 장식해 나만의 공간을 꾸밀 수 있는 등 이제는 사람의 감성을 감싸는 수준까지 오게 된 것이다. 이처럼 유비쿼터스 기술은 주거공간이 휴식과 재충전을 위한 기능을 넘어 재택근무가 가능한 공간뿐만 아니라 주택을 유지 관리하는 기능에서 주인을 알아보고 소통하는 등 감성을 케어하는 단계로 진화하고 있다. 최근 개발된 '바이오 라이팅' 시스템은 거주자의 정서불안이나 우울감 등을 조명으로 치료하는 '라이팅 테라피' 기술을 국내 최초로 도입하였다. 첨단기술이 공간과 인간이 소통할 수 있는 역할을 담당하는 것이다.

■ 유비쿼터스 기술로 만드는 라이프스타일

집, 케어센터로 진화하다

유비쿼터스 라이프스타일 공간은 공간과 전자시스템의 상호작용을 통해 최적의 환경이 제공되는 공간이며 주택과 인간이 하나의 유기체로 연결될 수 있는 공간이다. 영화 '마이너리포트'에서 보여진 홍채나 지문인식시스템, 영화 '아일랜드'에서 나온 치유센터의 컴퓨터가 건강상태를 체크하여 중앙센터에 보내면 식단과 건강관리에 대해 안내해 주는 장면은 더 이상 영화 속 가상현실이 아닌 우리의 생활에서 가시화되고 있다. 미래주거공간에서는 주거의 개념이 몸과 마음을 돌보는 곳, 즉 케어센터로 바뀌고 있다. 과거 의료서비스 장소의 범위가 병원으로 한정되었다면 병원 외 환자의 생활공간인 가정과 이동 중의 공간으로까지 확대되면서 U-health의 개념이 더욱 확산되는 것이다. U-health란 정보통신기술을 의료산업에 접목함으로써 언제, 어디서나 제공되는 질병 예방, 진단, 치료 및 건강관리 등의 보건의료서비스를 뜻한다. 이러한 U-health 환경에서는 주택 내 장착된 센서들이 건강정보를 수집하여 병원으로 전송하고 집에서 결과 및 관리를 받을 수 있다. 빠르게 고령화 사회로 접어들고 있는 현실에서 health care에 대한 욕구는 높아질 것이고, 이것을 가능케 하는 것이 홈 네트워크와 연동한 U-health 서비스이다.

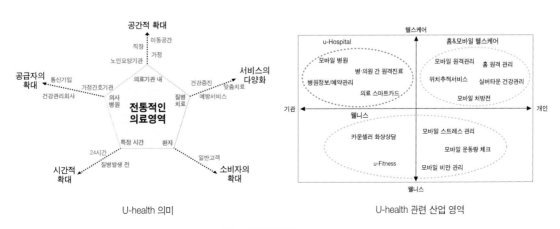

U-health 의미   U-health 관련 산업 영역

출처: 삼성경제연구소

국내에서는 2006년 대전광역시가 모바일 헬스케어서비스 상용화를 목표로 시범서비스를 도입한 가운데, 송도 국제도시, 용인 홍덕지구 등 전국 곳곳에 U-health타운 조성이 추진되고 있다. 최근 건강을 위한 시설로 외부 바이러스의 침입을 막는 현관 에어샤워 장치나 살균옷장, 살균신발장, 적외선 체온감지기, 당뇨체크 변기 등이 적용되고 있다. 그러나 한 연구보고서에 따르면 우리나라는 U-health를 주택의 상품가치를 높이기 위한 수단으로 접근하는 반면, 외국은 실용적인 목적으로 접근하고 있어 차이가 난다.

> ### 2010년대 주거공간의 7대 트렌드
>
> 피데스개발은 2010년을 기점으로 향후 10년에 나타날 주거공간 7대 트렌드를 △케어 센터(Care Center)로의 진화(쉬는 공간에서 돌봄의 공간으로) △주거의 가시고기현상 (유니섹슈얼 & 양성평등 주거공간 확대) △아파트 가드닝(gardening) 활성화(그린을 심고 그린을 소비한다) △주거공간 노마드족 출현(멀티해비테이션 진화, 머무르는 곳이 집이다) △오더메이드 아파트 시대(라이프 스타일대로 맞춘다) △슬림 축소화(방수는 줄이고 공간은 다목적으로) △새로운 가족, 커뮤니티 형성으로 선정하였다.
>
> 출처: 프라임 경제, 2009. 12. 8.

상업공간, 새로운 디지털 환경으로 거듭나다

디지털 환경은 주거공간에 머물지 않고 상업공간에도 적용되고 있다. 물리적 공간의 한계를 넘어 가상성이 추가된 공간체험의 창출은 물론 유비쿼터스 기술을 접목시킨 센서와 스크린을 통한 정보제공 및 다양한 이미지 생성을 통해 공간과 소비자가 새로운 관계를 맺는 데 기여하고 있다. 뉴욕 소호에 위치한 프라다 에피센터 플래그십 스토어는 소비자와의 교감을 위한 실험실로 렘 쿨하스Rem Koolhaas가 설계를 맡았다. 진원지라는 디자인 콘셉트를 구현하기 위해 디지털 미디어와 유비쿼터스 환경이 일체화되어 새로운 패션문화를 체험하는 공간을 실현한 곳으로 평가받는다. 이곳의 독특한 탈의실은 매직미러 뒤에 설치된 카메라를 통해 소비자는 자신의 좌우 앞뒤의 모습을 실시간으로 볼 수 있어 가상의 패션쇼 연출이 가능하다. 터치스크린을 통해 전 세계 매장의

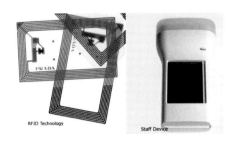

뉴욕 프라다 에피센터에 이용된 RFID　　　　뉴욕 프라다 에피센터 내 탈의실 매직미러

상품DB를 확인하여 소비자가 원하는 색상, 사이즈, 텍스처의 의상을 디스플레이해 준다. 매장 내 진열된 상품에 부착된 RFID 태그를 통해 상품관리를 할 수 있고, 고객카드에 내장된 RFID를 통해 고객정보 연동관리가 가능하게 되어 있다.

스마트 그리드시대, 지능형 도시로 나아가다

21세기 도시환경에서의 문화적 다원성과 문화 유목민 현상은 정보통신기술의 발달로 인한 유비쿼터스 환경의 가속화 때문이다. 2005년부터 매년 발표되고 있는 'IBM Next 5 in 5'가 2009년에는 전 세계적인 도시화에 초점을 맞추었다. 현재 전 세계적으로 매주 1백만 명 이상, 매년 약 6천만 명이 도시로 이주하고 있으며, 2008년에는 인류 역사상 최초로 도시거주 인구가 절반을 넘어섰다. 앞으로 도시는 인구증가와 인프라 낙후라는 두 가지 문제를 동시에 해결해야 한다. IBM은 세계 주요 도시에 똑똑한 시스템을 적용해 성장을 지속할 수 있는 방안을 연구하고 있는데, 향후 5년에서 10년 동안 도시가 지능을 갖추게 되면 다음과 같은 5가지 변화가 예상된다고 발표하고 있다.

■ 보다 건강한 면역 시스템을 갖춘 도시

인구 과밀화로 전염성은 계속 발병할 것이다. 그러나 미래 공중보건기관에서는 언제, 어디서, 어떻게 질병이 확산되고, 어디로 감염이 확산될지 정확하게 예측할 수 있게 된다. 전자의료기록에 담긴 익명의 의료정보가 공유되어 질병의 확산을 막고 사람들이 더 건강하도록 해주는 '건강 인터넷'이 출현하게 될 것이다.

■ 살아 있는 유기체처럼 감지하고 반응하는 빌딩

도시 인구가 늘어날수록 더 똑똑한 빌딩이 건설될 것이다. 빌딩시스템 관리기술이 시민보호, 자원절감, 탄소배출 절감을 위해 살아 있는 유기체처럼 상황을 신속하게 감지하고 대응하게 된다. 건물 내 수천 개의 센서가 모든 움직임, 온도, 습도, 공간사용 여부, 조명시설을 모니터링하여 에너지 소비를 관리하고 문제가 발생하기 전에 수리할 수 있을 것이다.

■ 연료를 사용하지 않는 승용차와 도시버스

IBM 과학자들은 1회 충전 시 50~100마일 속도로 300~500마일을 주행할 수 있는 새로운 배터리를 개발 중이다. 또한, 스마트 그리드를 통해 풍력 등 재생에너지 사용을 통해 배출가스를 줄이고, 소음공해도 최소화할 수 있게 된다. IBM과 덴마크 소재 에디슨 리서치 컨소시엄은 지속가능한 에너지 사용 전기 차량을 대규모로 이용할 수 있도록 지능형 인프라스트럭처를 개발하고 있다.

■ 도시 식수난 해소 및 에너지 절약을 돕는 똑똑한 시스템

대부분의 도시는 기반시설에서 발생한 누수로 최대 50퍼센트의 수자원을 낭비하고 있다. 한편, 인류의 물 수요는 향후 50년간 6배 증가할 것으로 예상된다. 따라서 도시에 똑똑한 수자원 시스템을 구축함으로써 낭비되는 물을 최대 50퍼센트까지 절약할 수 있다. 또한, 똑똑한 하수시스템을 구축해 강과 호수의 오염을 예방하고, 식수로 정화시킨다. 고도의 정수처리기술로 지역별 물 재사용을 지원해 급수에 사용되는 에너지를 최대 20퍼센트까지 절감할 수 있다.

■ 긴급 상황 발생 전후 위기 대응 체계를 갖춘 도시

법 집행기관이 적시에 올바른 정보를 분석하도록 지원함으로써 도시의 범죄, 재난 등 긴급 상황발생을 감소시키며 사전에 예방할 수 있도록 지원한다.

■ 스마트공간, 갈 길이 멀다

스마트홈의 진화엔 끝이 없지만 문제는 기술발전을 따라가지 못하는 제도와 현실에 있다. 예컨대 2005년부터 기반이 마련된 원격진료 기술도 2010년 환자·의사 간 원격진료를 제한적으로나마 허용하는 의료법 개정안이 입법 예고되기 전까지는 무용지물이었다. 또 상당수 기술들이 공사비 상승 요인으로 이어지는 만큼, 쉽게 도입하기 어려운 점도 있다. 임충희 GS건설 주택사업본부장은 "대형 건설사를 중심으로 IT·유비쿼터스를 융합한 첨단 주택기술이 도입되고 있지만 분양가 상한제 등 제도적 여건 등으로 실제 시공에 도입하지 못했던 부분도 있다."며 "만약 이런 제한이 없어지고 더 많은, 무궁무진한 기술 개발이 이뤄지는 미래에는 인간과 같이 생각하는 주택도 얼마든지 나올 수 있다."고 말했다. 이렇듯 IT기술과 유비쿼터스 혁명을 통한 생활의 편리함, 안전함을 즐길 수 없는 이유는 제도적 뒷받침, 시설유지에 대한 경제적인 부담, 기계에 의존하게 되는 무기력한 생활, 무엇인가에 감시받고 있는 느낌 등 그에 따른 크고 작은 부

IBM Next 5 in 5

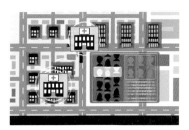

면역 시스템을 갖춘 도시

유기체처럼 감지/반응 빌딩

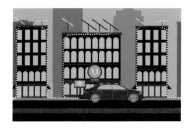

연료 무사용 승용차, 버스

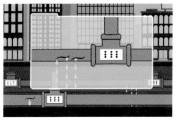

식수/에너지 절약 시스템

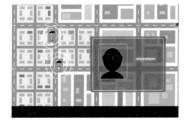

위기 대응 체계 시스템

'IBM Next 5 in 5'- 도시가 지능을 갖추면 생기는 변화 (2009)

작용이 있기 때문이다. 디자인과 기술이란 결국은 인간이 인간을 위해서 만들고 개발하는 것이기에 항상 사용자 중심의 사용자 친화적인 고려가 뒷받침되어야 할 것이다.

참고문헌

강선욱 외(2007). U-health 시대의 도래. 삼성경제연구소.

김미실·문정민(2011). 스마트공간에서 감성디자인 특성에 관한 연구. **한국실내디자인학회논문집**, 20(6).

김선영(2009). **창의성 개발을 위한 디자인 교육 콘텐츠**. 서울: 집문당.

도안구(2009. 12. 31). **도시에 필요한 신기술 5가지**. 뉴스와 분석.

매일경제(1996). **빌게이츠 주택**.

문성춘(2009). 에너지 절감형 주택의 스마트 공간 구축. **전력전자학회지**, 14(2).

안성모(2009). **유비쿼터스 스페이스 디자인**. 국민대학교출판부.

유희숙·안정은(2008). U-health 산업의 최근 동향. 한국소프트웨어 진흥원 정책연구센터.

이선민·이연숙(2008). 유비쿼터스 미래형 주택에서 보여진 헬스케어 특성에 관한 연구. **한국실내디자인학회 학술대회발표논문집**, 10(3).

이용민·권오정(2010). 국내 미래주택관에서 구현하는 유비쿼터스 홈서비스 현황분석. **한국실내디자인학회논문집**, 19(2).

이혜주·이상만 공저(2006). **감성경제와 Brand Design Management**. 서울: 형설출판사.

전태훤(2010. 03. 09). **[집, 패러다임이 바뀐다] 〈2〉 스마트홈**. 한국일보.

IBM(2009). Next 5 in 5 - 도시가 지능을 갖추면 생기는 변화.

찾아보기 INDEX

저자소개

오혜경
이화여자대학교 미술대학 장식미술학과 학사(실내디자인 전공)
이화여자대학교 대학원 석사(실내디자인 전공)
미국 시카고 미술대학 대학원 MFA(실내건축 전공)
현재 경희대학교 생활과학대학 주거환경학과 교수

홍형옥
서울대학교 가정대학 가정관리학과 학사(가정관리학 전공)
서울대학교 대학원 석사(주거학 전공)
고려대학교 대학원 이학박사(주거학 전공)
현재 경희대학교 생활과학대학 주거환경학과 교수

홍이경
경희대학교 가정대학 가정관리학과 학사(실내디자인 전공)
경희대학교 대학원 석사(실내디자인 전공)
경희대학교 대학원 박사(실내디자인 전공)
미국 미주리주립대학교 건축학과 포스트닥
현재 경희대학교 생활과학대학 주거환경학과 겸임교수

김도연
대전대학교 자연과학대학 가정관리학과 학사(주거학 전공)
성신여자대학교 조형대학원 석사(실내디자인 전공)
경희대학교 대학원 박사(실내디자인 전공)
이화여자대학교 건축학과 연구원(도시재생사업단 2-3 세부)
현재 경희대학교 생활과학대학 주거환경학과 강사

이소미
성신여자대학교 사회과학대학 정치외교학과 학사(정치외교학 전공)
경희대학교 대학원 석사(실내디자인 전공)
경희대학교 대학원 박사(실내디자인 전공)
현재 성신여자대학교 생활과학대학 생활문화소비자학과 외래교수

생활세계의 공간감성

2012년 3월 15일 초판 인쇄
2012년 3월 20일 초판 발행

지은이   오혜경 외
펴낸이   류제동
펴낸곳   (주)교문사

책임편집   정혜재
본문편집   정은정
표지디자인   정윤선
제작   김선형
영업   정용섭·송기윤·이진석

출력   현대미디어
인쇄   동화인쇄
제본   한진제본

우편번호   413-756
주소   경기도 파주시 교하읍 문발리 출판문화정보산업단지 536-2
전화   031-955-6111(代)
팩스   031-955-0955
등록   1960. 10. 28. 제406-2006-000035호

홈페이지   www.kyomunsa.co.kr
E-mail   webmaster@kyomunsa.co.kr
ISBN   978-89-363-1248-0(93590)

값 18,000원